阅读成就梦想……

Read to Achieve

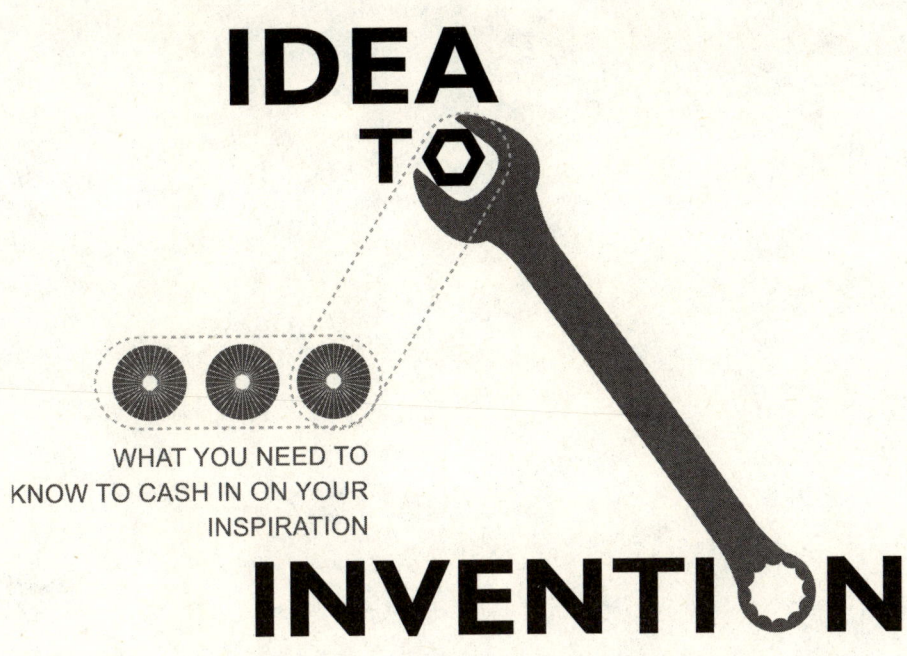

IDEA TO

WHAT YOU NEED TO
KNOW TO CASH IN ON YOUR
INSPIRATION

INVENTION

人人发明时代

如何将发明创造转化为巨大商机

〔美〕帕特里夏·诺兰-布朗（Patricia Nolan-Brown）◎著

刘振利◎译

中国人民大学出版社
·北京·

IDEA TO INVENTION
What You Need to Know to Cash
in on Your Inspiration

译者序

前两天看到儿子写的一篇作文《我是小小发明家》，他在文中提到了自己想要发明的两样东西：飞毛腿运动鞋和人造太阳。穿上飞毛腿运动鞋你就可以身轻如燕，还能像踩着风火轮的哪吒一样在空中漫步。大家再也不用买小汽车了，空气必然更清新，生态必然更美好。而人造太阳更强大。它白天吸收太阳的能量，晚上就像太阳一样给地球提供光和热。人类再也不用耗费那么多的资源了。

多么丰富的想象力，多么神奇的"发明"！

我不禁想到了自己。小时候我似乎也曾梦想当个科学家，发明各种各样的东西为人类造福。其实岂止我们父子俩，亲爱的读者，你难道没做过这样的梦吗？小时候当别人问起我们的梦想时，有多少人的回答是"我想当个科学家（或发明家）！"但是看看周围，想想我们的同学、朋友，又有几个人真正实现了童年的梦想呢？

那么到底是什么阻挡了我们实现梦想的脚步？我想正如你在本书中所看到的，原因大致可以归结为以下三点。

第一，我们感觉搞发明创造实在是太复杂了。似乎当个发明家永远都只是个梦，想想可以，但要付诸实践困难重重。虽然童年的理想仍然还萦绕在我们脑际，但是一想到去实现它，我们就茫然不知所措。

第二，我们觉得没有实现理想的平台。很多人都认为，搞发明创造可不是随便就能在家里实现的。你要么应该在某一个国家科研机构，要么应该身处大公司研发部门，否则，搞发明创造就只能是白日梦。而且，你要有充足的科研经费支撑。

第三，我们对自己缺乏信心。发明创新好像只有那些才学渊博的专家才能胜任，而平凡如我辈者望尘莫及。还有人觉得，我们的发明创新灵感全都是幻想，只有那些有天赋的人才能真的制造出新颖别致、功能先进的产品来。

事实果真如此吗？本书作者帕特里夏·诺兰-布朗（Patricia Nolan-Brown）郑重告诉你：绝对不是这样！每个人，无论学历高低，不分贫富贵贱，更不用在意职业差异，只要你有想象力，有好奇心，又有探索、发现、解决问题的智慧和能力，你就有潜力成为发明家。

当然，发明创新之路绝非坦途。在你追梦的征途上，你会遇到荆棘，碰到陷阱，还有可能碰到骗子甚至强盗。所以你一定要用知识和技巧武装自己的头脑，熟悉发明创造过程的各个环节，掌握其诀窍，并且提高警惕，增长识别善恶的鉴别力。除此之外，你还要学会如何培养自己的发明创新意识，如何解决发明创造过程中的各种难题，如何宣传推广自己的发明以及如何利用现代社交媒体网络建立自己的销售平台和企业王国，等等。所有这些你需要学习、了解的东西都可以在这本书中找到。

帕特里夏·诺兰-布朗从一名普通的家庭主妇到一个多产的发明家，同时还是著名的励志演说家和发明顾问，而且还成立并经营着自己的公司，发明的产品销往世界多个国家，绝对是如你我一般的普通人的成功逆袭。她结合自己多年发明创造的实践向读者们奉上了一桌精美的指导

译者序

盛宴：丰富详尽的内容、生动流畅的语言、真实有趣的事例、还有漂亮的插图和鼓舞人心、富有哲理的引文。相信任何读到这本书的人都会受益良多。

如果你一直心怀创新之梦，在掌握了所有书中提及的方法和诀窍之后，也许你会发现，自己已经像一只破茧而出的蝴蝶一样，可以振翅飞翔了。

另外，我想借此机会感谢我的导师张敏教授、我的爱人赵小凤女士、我的儿子刘子骐同学以及我的父母和所有家人、朋友，没有他们的理解、支持和帮助，我从事英语翻译和教学的梦想也难以实现。

愿所有有梦的人心想事成。

刘振利

引 言

　　在生活中每个人都会有一些奇思妙想。你是否想过把你的那些创意付诸实践，变成发明创造的实物呢？或许还可以把发明做成产品，转化为繁荣兴旺的生意，或者授权给别人打理，赚取发明专利使用费。想想就觉得兴奋！

　　那么是什么打消了你这么做的念头的呢？或许你印象里的发明家要么家资巨富，要么博学多才，而你只是一个普通人，所以发明这件事完全和你没关系。亦或者，你担心将发明开发成产品伤神又伤财，所以望而却步。

　　在这里我可以很负责地说：以上说法虽然有一定道理，但都不完全正确。实际上，人人都可以成为成功的发明家。只要你敢想且相信自己。这里我给大家呈现一个"6+6"秘诀——成功人格 6 要素和发明创造的 6 个简单步骤——就能让你朝着成为发明家的梦想迈进。相信我，你不需要像创业一样去找投资或租赁办公场所也可以进行发明创造的工作。你更需要的是你的想象力和这本书。

　　将这本《人人发明时代》看作自助学习实用手册和为你加油鼓劲的励志手册更为符合我的写作意图。书中所讲的都是为了帮你把脑子里灵光一现的想法变成利润丰厚的产品——我已把很多有效的（而且代价低廉的）诀窍写在了书中，它们会助你实现激动人心的发明家梦想。

这本《人人发明时代》能在以下几方面帮助到你。

➤ 掌控你的人生。提供有用的建议和易于掌握的指导，教你如何用你的创新发明的想法去赚钱。

➤ 按照发明创造的六个步骤把你的灵感变成实体产品。

➤ 运用互联网的力量赚钱，推广宣传你的产品。

➤ 处理产品授权和申请专利过程中方方面面的事情。

➤ 进行成功小测验，获取提高你的自信心、发掘你的成功潜能的有益线索。

➤ 为你的事业发展集聚好运和希望。

➤ 驾驭灵感的浪潮，驶入一片更自由、更富饶的人生新海域。

我的发明生涯至今已经领会了很多东西，我相信这些也是你需要的——包括专利申请步骤、产品授权、生产制造、社交媒体运用以及很多其他方面，而且我还在学习。要知道，这些都是我的经验之谈，完全由自己独立摸索所有的事情是一项极具挑战性的工作，费时、费力、费钱。不过你很幸运，因为这本书已经把一切都讲清楚透彻了，你很容易就能掌握。我知道读者中有些人跟我一样，属于视觉型学习者，所以本书中包括了一些醒目的插图、有趣的测试、内容丰富的工具栏、鼓舞人心的引语、真实幽默的故事、有效的练习以及查看指导视频的网络链接，方便读者加深理解。

我希望读者在看这本书时可以感觉并学习到如何像做发明家一样有趣——因为，这真的是一次令人兴奋的冒险。我之所以写《人人发明时代》这本书就是为了鼓舞你、给你力量，让你能够抓住灵感，一路沿着发明创新的道路走下去，获得你应得的丰厚回报。

如果你很好奇我为什么在书中首先提到发明创造的六个步骤，我可以告诉你，答案跟这六个步骤一样简单。每当我看到那些本来可以成功的人茫然无措、早早放弃希望的时候，我就难过不已。我把发明创造的整个过程分成简单的六步，这样很多人就可以采取正确的行动，把他们的想法变成热销的、人们争相购买的商品。虽然通往成功的道路危机四伏，但只要领会了这六个步骤，你就会避免不少陷阱和麻烦。我最不希望看到的就是好人被骗子欺诈！

为什么你该听听我的建议呢？因为我发明的产品已经卖出去了数百万件，我还拥有多项产品专利和注册商标。而且，很多年以来，我一直在从事励志演讲工作。我的听众群体差异很大：从财富 500 强的 CEO 到小学的孩子们。我希望通过演讲点燃他们心中的动力之火——那就是："你可以做到！"不仅如此，我还把这些思想通过广播、电视以及互联网传播给更多的人，希望更多的人受益。

让我们看看，在随后的章节里你会发现些什么。

你有成功的潜质

大部分人都害怕他们缺乏所谓的神秘的"成功基因"，但是其实任何人都可以培养孕育成功的人格特征。我已经发现了六种基本的人格特征，它们是大部分成功人士共有的特点。我把它们缩写成一个个时髦的名字，以便记忆。你不妨做一做我设置的成功小测验，看看你会得到怎样的评价。然后按照我的建议培养你的成功人格特征，夯实基础，这样一来你就可以着手开发你的产品，努力赢得丰厚的利润。

发明创造的六个简单步骤

我知道把灵感转化为产品需要什么，我会带着你一步步走完整个过程。你将学习养成创新性思维的习惯，把每天遇到的问题看作是发明创新的机遇。你将发现获得无偿投资来推销你的产品的方法。你还将学会如何制作简单的产品原型，如何保护你的发明免遭他人窃取的注意事项，还包括如何得到免费的首次咨询专利代理律师的机会以及如何自己登记注册商标——所有这些都要参照你的预算和计划而定。接下来，我会展现给你很多诀窍，例如：如何吸引人们关注你的产品，如何通过社交媒体平台营造舆论，如何找到商店采购员，以及如何巧妙地降低参加贸易展览会的成本，等等。我们还会在书中探讨把产品授权给经营商打理与在自己家里建立产品生产线的两种经营方式各自的优缺点。最后，你要学习如何像顾客一样思考，想出好方法为你的产品添加装饰，增加功能以提升产品的附加值。这样才会延长你的产品的市场销售生命周期和促成更多的购买机会。到那时利润自然也就源源而来。

另外我还会在书中教你如何使用（大部分都是免费的）互联网资源建立你的产品营销平台。而且，在本书最后，还将提供我自己已经证明切实可行的方法，指导你享受健康、快乐的发明家生活。

每个人的创新发明历程都不相同，就像每个人都有独特的灵感一样。但是书中所述的"6+6"秘诀我相信会适用于绝大多数发明家。让一切都变得简单通俗。一切皆始于《人人发明时代》。

张开双臂，拥抱发明家的美好人生吧！

目 录

译者序   I

引　言   V

第 1 章
我的成功故事：
我行，你也行   1

第 2 章
成功测试，拒绝失败：
学会如何发明   5

第 3 章
你有探究精神吗?
培养自己的好奇心   15

第 4 章
你有勇气吗?
让脸皮再厚一点   23

第 5 章
你的声音有多强?
带着激情说出来   31

第 6 章

你的能量有多大？

让激情燃烧起来   39

第 7 章

你该如何滋养你的梦想？

呵护好你的梦想   47

第 8 章

你有坚忍的品质吗？

坚持下去，永不放弃   55

第 9 章

成功并不难：

发明的六个简单步骤   63

第 10 章

发明步骤一：

思考，一切都源于灵感   69

第 11 章

发明步骤二：

实践，使你的梦想变成现实   81

第 12 章

发明步骤三：

保护，让盗贼远离你的发明   99

目　录

第 13 章

发明步骤四：

推销，让人迫切希望拥有它　　　　　　　115

第 14 章

发明步骤五：

制造，在自己家里还是别的地方　　　　　145

第 15 章

发明步骤六：

装饰，美化你的产品　　　　　　　　　　167

第 16 章

构建在线宣传大本营：

利用社交媒体推动你的产品大卖　　　　　173

第 17 章

享受发明家生涯：

用健康快乐的心态去发明　　　　　　　　199

第 18 章

结语：

你一定能成功　　　　　　　　　　　　　211

我的成功故事：
我行，你也行

我从不空想成功，我为之努力奋斗。

——雅诗兰黛夫人

首先你需要知道，我只是一个普通人。我有三个孩子，没上过哈佛之类的名校，没有信托基金支持。有时我看着镜中的自己想，也许我可以化化妆美美容过一个家庭主妇式的生活。但是，我已经把诸多想法变成了产品，并且销售出去了千千万万，而且还把我发明的产品卖到了国外。我就是一个活生生的普通人成为发明家的例子——人人都可以实现自己的梦想！我想既然我能做到，你也一定行。

你也许不会相信，也许每个人心里都住着一个发明家。多年来，我一直在向爆满的听众——从大公司的 CEO 到小学儿童——做鼓舞人心的演讲，向他们讲述创造发明的巨大能量。每次我讲完，总有很多人向我提问。我喜欢回答大家的问题，但是也让我突发灵感：我何不把对这些疑问的回答汇编成册，这样就可以帮助更多的人将梦想变成真实的产品并且从中获益。我喜欢有梦想的人，乐意帮大家实现愿望。因此对我而言，出书真是件好事。我认识的许多人都告诉我"你应该写本书了！"以上就是你现在捧在手里的这本书诞生的缘由。

我们天生具有找到实际问题的创造性解决方法的能力。但我觉得，发明创造时下之所以成为一个热点话题还有一个原因——我们开始意识到了作为雇员，大公司对我们关切甚少。自己当自己的老板，摆脱对这种不管员工死活的贪婪制度的依赖，这样的想法听起来越来越有吸引力。关键问题是世界充满挑战，目前经济局势不容乐观，因此我们大部分人可以听取一些建议，然后再踏上创业之路。这也是出版本书的初衷。

这本书是为大家而写，其间分享给大家的方法易于遵循也不难理解，并且特别实用。我怎么知道它们实用呢？因为这些方法曾经助我取得成功，而且很多和我交谈过、尝试过这些方法的人也都取得了成功。

在这本书里我想告诉大家：你能赢得自己所渴望的成功。而且，你不一定富有，不需要花大笔的钱才能创造财富。我想激励你、鼓舞你，一步一步教给你如何做到这些。

我自己的成功就源于一副汽车座椅。

想象一下当年的画面：我初为人母，驾车行驶在波士顿交通拥挤的市区。我的宝宝被安顿在法律要求必须装备的后向儿童安全座椅里。我听不到她的声音。她呼吸顺畅吗？她还好吗？不久她开始呜咽起来，她病了吗？她的头被困在肩带或其他什么东西上了吗？谁能告诉我呢？这糟糕的儿童座椅背对着我，因此无论我怎样努力也无法从后视镜里看到我的宝宝。你要知道，我的脾气是有一点火爆的。所以当我最后终于安全地载着宝宝和我回到家后，我立即给母亲打电话抱怨。"这简直是太荒谬了！"我气呼呼地说，"有人应该发明一种特殊的镜子，这样你就能看到坐在糟糕的后向儿童座椅里的孩子了！"母亲立即反问道："嗯啊，你为什么不自己发明呢？"这一问从此变成了家族传奇，母亲好像是从睡榻上起身接我电话的预言家一样。

哇！你知道结果吗？我真的发明出来了。正如大家所言，后面的事就路人皆知了。我发明的后向儿童安全座椅观察镜销售了数百万，拥有多项专利，你可以通过它看到你的宝宝，确信他们安然自在。或者你会发现孩子有麻烦，那样的话你可以把车停在路边，处理好再继续行驶。

我的故事想要说明的就是：一切发明创造源自需求。需求是发明创造之母，正是基于此，人类社会的大多数发明才得以诞生。假如你需要什么而目前还没有，那么你看到的就不仅仅是一个问题，而是一个发明的契机。只需一个好主意你就能创造不同，填补这种需求，解决这个问题，仅此而已。这是多么令人兴奋、充满力量的事情啊！

当然，仅仅有好主意还远远不够。我总会想起爱迪生的名言：天才是 1% 的灵感加上 99% 的汗水。事实的确如此。我是从父亲那里明白这个道理的，他是我所认识的最勤奋的人之一。

父亲在一家商业地板公司做全职工作，私下里还兼职做自己的地板瓷砖生意。但他总会有时间跟我和我的姐妹们玩耍。回头想想，我都不知道他的睡眠时间是从哪来的。热爱你的工作会让你更完美，他就是坚持这一理念的典范。他也是我所知道的最善良的人之一，我们大家都爱他。他一直在支持我，当我发明的后向儿童安全座椅观察镜开始生产的时候，他和妈妈都动手帮我组装。

基于此我还想阐明另一要点，那就是：在创造孕育一件新产品的过程中，即使你能独立完成，亲友的支持也必定会给你莫大的帮助，促使你的发明创造早日成熟。我妈妈不仅鼓励我，还帮助我打理初期的平面设计生意和接听业务电话，甚至为了不让别人知道我们是一家人，她还给自己另取了个名字。除此以外，妈妈还帮助我在波士顿举办第一次贸易展，做我本地店铺的公关员，向店老板们积极推荐我的产品。

我与丈夫青梅竹马，他也给予我大力支持，对此我深感幸运。他从第一天起就鼓励我实现梦想，为我买了第一套职业装和一本如何自我完善的书。那本书对我非常有帮助，我至今仍在使用。他陪我参加电视采访，陪我举办贸易展，并且一直都是我的忠实粉丝。另外，我的姐妹、朋友们一直以来也都给了我莫大的帮助。

也许你的处境不像我这么顺利，身边的人都无条件地支持你，但请相信，这本书就是你坚实的后盾，助你燃起梦想之火。相信自己，相信你的灵感，开启你的发明创造之旅，一步步尝试去改变世界。

我们没有理由放弃梦想。我踏上自己的追梦之路的时候，没有互联网，没有电话，也没有个人电脑。想象一下，如果有了这些现代科技手段会节约多少时间和精力！而且，正如我妈妈经常开的玩笑："现在就动手做，等你被车撞了就晚了！"

好了，我们首先从一个小测验开始，请削好你的铅笔。你将发现自己在成功俱乐部的等级——然后，我会教你如何登上成功的顶峰。

2 成功测试，拒绝失败：
学会如何发明

> 不要让挫败沮丧俘虏你，最终你必定会成功。
>
> ——亚伯拉罕·林肯

成功人士的六大人格特征

如果你问某人这样的问题："你拥有成功的潜能吗？"答案很可能是含糊其辞的："我不知道，也许有吧。"大部分人都不会给出坚定有力的回答："有！"我想根源在于我们对成功一直以来的误解。我们觉得那些成功者们真的生来福星高照，他们或者来自富裕的家庭，有信托基金的支持；或者有一两个有钱的亲戚，随时等待着推动他们取得事业成功；抑或他们拥有某些神秘的"成功基因"——不管怎样，我们相当确定的就是"成功基因"与我们无缘。

但是，请你再想想。有多少普通人就像我一样一直在创造成功。相信我，我既没有信托基金支持，也没有有钱的亲戚，更没有什么成功基因包含在我的 DNA 里。我就是个普通人，靠着努力和智慧，取得了成功，你也一样可以。

但我想我们首先需要确定，对于我们自己而言，怎样才算成功。这里有一个很好的问题，可以问问你自己：谁是我的榜样？这是因为，虽然我们一直被教导着把获得数百万美元的财富和拥有巨大的权力看作是成功，但是事实却并非如此。社会上有很多有钱、有权的人，他们的人生纯粹就是一种悲哀。成功在很大程度上意味着是过上一种更快乐的生活。

我最爱的人生榜样是那些虽然知道在男权社会里要做成点事情很难，但仍然追随梦想并取得成功的女性。比如朱莉娅·查尔德（Julia Child），她通过做她酷爱的法式美食，并传授给他人烹饪技艺创造了自己的精彩人生。我还喜欢那些跳出固有思维模式、具有创新精神的人。例如，罗杰斯先生（Mister Rogers）的电视节目教给孩子们如何制作东西，我被他的系列节目深深地吸引。事实上，我不得不承认，尽管现在我的孩子们已经长大，但我仍旧经常收看他的节目。

在我做发明家和企业家的多年时光里，我已经看到了很多非常杰出的人士完成了他们通往成功的人生长跑。这个过程很少有全程冲刺的，因为真正的成功需要耗费时间。但是就像一棵成长缓慢的树一样，这样才能创造出真正的、长久的美。而且我还了解到，那些获得了快乐而持久成功的人士有很多共同点。

测测你是否具备成为发明家的素质

事实上，尽管并非所有，但大部分成功人士都具有六个基本的人格特质。如果你具备这些人格特质，它们就能帮助你走向洋溢活力、充满快乐的成功人生。对你而言，理清这一点绝对是个好消息。我为此精心制作了一个有趣的测试，这样你就可以搞清你是否具备上述六个基本的人格特质，以及它们在你身上呈现出何种程度。

你无须畏惧结果会不理想。因为它只是一个调查工具，帮你了解需要在哪里促进你的成功指数。这就是我设计它的初衷。我会利用后续篇章来激发你的成功特质。一旦你的成功特质状态良好，你就会踏上意气风发的人生之路，就能学会发明创造！

一切都从这个小测试开始，现在请拿起你的笔。

以下全都是对错判断题，每个"对"的选项得一分，请尽可能地诚实作答。记住，得分的高低没有关系，这本书就是帮你提高成功指数的。

第一部分：好奇心

对　错

☐　☐　我喜欢尝试新事物，我不喜欢墨守成规的感觉。

☐　☐　我对生活充满好奇心，我迫不及待地想要知道接下来会发生什么。

☐　☐　我通常把问题看作是获得解决方案或者是学习新事物的机会。

☐　☐　我通常积极面对挑战，因为我喜欢解决问题。

☐　☐　我经常注意到需要某些改善的普通日用品，也想要知道怎样才能改善。

☐　☐　如果有些问题我不知道如何解答，我喜欢上网搜索、看书查找，或请教朋友以及专家。我喜欢学习。

第二部分：勇气

对　　错

☐　☐　遇到批评时，我提醒自己可以从批评中学习新知。

☐　☐　我不会将别人的拒绝看作是针对我个人的。

☐　☐　我倾向于保持坚强的自我形象：一句话，我喜欢自己。

☐　☐　人们告诉我说我很自信。

☐　☐　我知道我能取得一定的成就。

☐　☐　我不惧怕向陌生人表达我的想法，因为没有冒险就没有收获。

第三部分：声音

对　　错

☐　☐　在公众面前讲话我一点也不羞怯。

☐　☐　我认为大部分人都觉得我有趣、可爱。

☐　☐　我说话时，人们会认真倾听。

☐　☐　我喜欢有机会与人分享我的思想和主张。

☐　☐　我不需要大声说话或固执己见就可以做一个有效的沟通者——
　　　　我人缘很好。

☐　☐　我喜欢与他人分享我的热情与梦想。

第四部分：力量

对　错

☐　☐　我是一个上进心很强的人。

☐　☐　如果我疲惫不堪或意志消沉，我知道该怎么做使自己重拾信
　　　　心、恢复精力。

☐　☐　我善于自我调整。

☐　☐　我总体上是积极乐观的人。

☐　☐　我通常有足够的精力做我想做的事情。

☐　☐　当我做自己喜欢的事情时，我感到活力充沛。

第五部分：滋养

对　错

☐　☐　我喜欢得到激励，我也知道是什么让我燃起希望。

☐　☐　我擅长于想象我所希望发生的事情。

☐　☐　他人的成功故事让我倍受鼓舞。

☐　☐　我注意培养能够支持我的梦想的人际关系，决不会花时间和
　　　　那些泼冷水的人结交。

☐　☐　我知道在哪里、做什么才能使自己充满力量。

☐　☐　无论何时，我都会因为完成了某件事而感到快乐和满足。

第六部分：坚忍

对　错

□　□　每次计划中遇到绊脚石的时候，我都把它看作是重新思考、另择捷径的机会。

□　□　我认为大部分人都太轻易地放弃梦想，而我不会。

□　□　我不介意修改不合时宜的梦想。我有足够的智慧得到新的想法，而不是一味碰壁，失去一切。

□　□　迟迟未能达到我的目标仅仅表明我还需要更加努力。

□　□　我喜欢创造性地解决问题——这是我的人生乐趣。

□　□　我没有达到人生目标的确定的时间框架，花费多长时间都行。

揭晓答案

把你的分数加起来，看看每个部分你得到了多少分。

第一部分：好奇心

源源不断的好奇心是一个具有创新精神的成功者最重要的品质特点之一。

0 — 没关系，不用担心，第 3 章将会对你有所帮助。

1 — 有希望！

2 — 成功的开始!

3 — 不错!

4 — 好!

5 — 很好!

6 — 太好了!

第二部分：勇气

保持坚强的自我，学会不局限于从个人角度看待别人的拒绝，这些对取得成功至关重要。

0 — 别害怕，读读第 4 章就能解决问题。

1 — 有希望!

2 — 成功的开始!

3 — 不错!

4 — 好!

5 — 很好!

6 — 太好了!

第三部分：声音

要想成功就要知道如何让别人听到你的声音——这并非大喊大叫所

能达到的，明白这一点很重要。

0 — 你需要学习怎样让别人听你的，第 5 章将帮助你培养更坚定的声音。

1 — 有希望！

2 — 成功的开始！

3 — 不错！

4 — 好！

5 — 很好！

6 — 太好了！

第四部分：力量

成功的人总是知道怎样激发自己的能量——事实上，他们做自己喜欢的事情，并从中获得巨大的力量。

0 — 没问题，第 6 章将会助你激发自身的能量。

1 — 有希望！

2 — 成功的开始！

3 — 不错！

4 — 好！

5 — 很好！

6 — 太好了！

第五部分：滋养

知道如何通过养精蓄锐、优化生活、丰富想象来支撑自己创新性的思维，这是打开成功之门的钥匙。

0 — 不用担心，第 7 章将会告诉你怎样为你的梦想补充营养。

1 — 有希望！

2 — 成功的开始！

3 — 不错！

4 — 好！

5 — 很好！

6 — 太好了！

第六部分：坚忍

当前行的道路充满坎坷时，成功者知道怎样坚持下去。

0 — 别放弃！第 8 章会引导你找到坚持下去的决心。

1 — 有希望！

2 — 成功的开始！

3 — 不错！

4 — 好！

5 — 很好!

6 — 太好了!

现在你已经知道了自己的测试结果，读读后面的章节，提高你的成功指数，准备做好六步来学会发明创造吧!

你有探究精神吗？
培养自己的好奇心

> 我想，当一个小孩出生时，若他的母亲请求仙女教母赐予他一个最有用的礼物，那礼物应该是好奇心。
>
> ——埃莉诺·罗斯福

发明家最好的朋友是好奇心。实际上，对任何人而言，好奇心也许都是最重要的品质。为什么这么说呢？因为好奇心是赋予生活意义与兴趣的火花。还记得你小时候想弄懂的一切奥秘吗？天空为什么是蓝色的？草为什么是绿色的？为什么夜晚天就黑了？孩子本身就富有好奇心，对一切事物充满兴趣。而且小孩从不厌倦——他们忙着发现生活中的秘密。可悲的是，随着年龄的增长，我们大部分人似乎逐渐失去了这种好奇心。

这实在很糟糕，因为富于好奇心才会让创新性的思维活跃起来，并用一种难以预料的、引人入胜的方式滋养我们产品创意的灵感。想一想史蒂夫·乔布斯（Steve Jobs），他在瑞德学院（Reed College）学习美术字课程仅仅是因为美术字看起来很漂亮，他对此很好奇。我敢保证周围肯定有很多人告诉他："嗨，史蒂夫，你在那里纯粹是浪费时间。"但是

10年后，他基于所学设计出了第一台使用了漂亮的印刷字体的Mac电脑。

如果你对事物充满好奇，然后用好奇心指导你去学习探索，你永远都难以预料你所获得的那些知识会带你走向哪里。当我女儿莫利小的时候，她最喜欢的东西之一就是一个日本折纸工具箱和书。我对此很好奇，然后发现自己不可思议地被吸引，也想去摆弄摆弄。好多年后，当我想要设计一个带纸板领的宠物狗垃圾袋时，我意识到日本折纸刚好可以解决这个棘手的问题："怎样折叠它才能显得美观紧凑？"最近，我从一个宣传册上了解到我们当地的图书馆免费开设法语会话课，我就决定报名参加。然后没有想到的是我机缘巧合地去了趟法国，在那里拜访了一个作家兼画家的休养公寓，随后便萌发了写这本书的想法。不仅如此，我还刚刚开始学习一个手工锻造课程，没有任何其他缘由，仅仅是我对此很好奇。我正在猜测，我所学的这些未来会在什么时候以怎样的方式派上用场！

那么，如何让探究精神的种子生根、发芽呢？我们就从这里出发。

好奇心笔记

许多喜好创新的人都有一个空笔记本（有时也许会有两本，甚至几十本），用来简略记下激起我们兴趣的事物。我们养成了习惯，不仅在本子上记东西，还经常反复阅读。我有好多次看着笔记本上写的文字喊："哦，天哪！我竟然把这全忘了。这是一个多好的问题（想法／概念）啊！实际上，它也许会帮我搞定正在设计中的这款产品！"这是多么让人惊喜的事情！

终身学习表

发明家们都很确定：我们不是"万事通"。事实上，世界上有许许多多奇妙的东西等着我们带着好奇心去探索、去发现。因此，无需冥思苦想，现在就制定一个学习计划表，包含你想要了解的至少三件事情，理由就是你对这些事情很好奇（我的学习表可能会包括如何焊接设计金属雕塑、小屋运动以及美丽的旅行和短暂居住的目的地）。把这些写进你的好奇心笔记，如果可能的话，写出更多你想学习的事情。

学会提问

遇到陌生人时，问问他们在做些什么，他们是怎么工作的。如果他们不属于工作人群，问问他们的兴趣爱好是什么。你会发现，大部分人都喜欢谈论能激发他们兴趣的、让人兴奋的东西。不仅如此，如果你生性内敛、与人交际稍感羞怯，这种简单的会话技巧还有一大好处——能使你遇到的人觉得你是一个聪明、优秀的人，而你根本不需要过多谈及自己。无论他们是干什么的、他们是谁，人们之间分享的都会是一种深深的渴望：渴望被别人听到、看到的存在感和认同感。因此，只要认真倾听别人的心声，任何人都会相应提高自身的能力。而且，你会学到自己可能从未想过的东西。

提问有时候非常有用。以前在一家小公司当平面设计师，我们经常打电话请一个人来修理打字机。当他修理的时候，我一边观察一边很有礼貌地提问。几年后，当我开始建立自己的公司时，我就从他那里买了一台翻新的打字机，而且我已经可以自己维修它了。

阅读与研究

　　去书店或图书馆看看。找一些你感兴趣的杂志或图书，在你的好奇心笔记上随意记一些激起你兴趣的东西，把你能找到的书都读一读——沉下心来做研究！关键的一点是：如果你看的书足够多，在你日后的不同阶段你就不用雇用"专家"，因为你自己已经是个专家了。回想过去，只要有机会我就去波士顿公共图书馆闲逛，通常都带着孩子：背上背着一个小的，手推车里再推着一个大的。当带给他们的零食全都吃光，孩子们开始哭闹时，我才不得不回家。而现在，我坐在书桌旁就可以查找到任何需要的信息。我爱互联网，这真是个好东西！

启动你的消费好奇心

　　养成仔细研究你日常购买每样产品的标签的习惯，开始学会思考："为什么是这样的？""这个东西有什么用途？"，或者"为什么没有……呢？"你会发现其实很多产品使用的是完全一样的原料，但是包装和营销方式不同，所以都能销售出去。

　　一旦激发起对通常购买的产品的消费好奇心之后，你可以将它拓展到平日不太购买的产品上，逛一逛特色产品专卖店。他们都在销售什么？货架上缺些什么？你希望看到哪些产品？你觉得人们可能需要什么？什么原因使得某一产品特别出众？什么原因促使你想要购买它？你注意到了什么消费趋势？再研究一下产品的颜色和款式。目前什么最时尚？就当下来说，"环境友好"是个大卖点，"纯天然配方"也是。在本书的第 16 章，关于如何建立发展平台部分，我会告诉你如何通过社交媒体的话题标签发现目前的热门话题和发展趋势。

如果你心里已经有了一个创新产品的想法，就去那些有可能销售这类产品的商店看一看。我在开发后向儿童安全座椅观察镜的时候，常常去本地百货商店的婴幼儿区和汽车用品区调查，查看类似产品的包装、尺寸、价位以及潜在的竞争对手。在这个过程中我了解到了很多信息：什么样的产品看起来好，什么样的产品对顾客有吸引力，以及哪些产品在这些方面做得不够好，等等。

你不需要耗费太多精力做重复工作，有时只需要选择某一现有产品加以改进就可以营利，因为毕竟该类产品已经有了一定的市场。而且人们喜欢那些"最新改进"的产品，这是一个普遍的消费习惯，对你的发明也是一个利好。但你要想清楚："这个产品需要怎么改进才会更好用呢？"朋友注意到我总是去商店，拿起商品就开始研究它们是如何使用、怎么被制造出来的，以及它们有哪些功能等。这其实已经成为了我的职业习惯，你也可以借鉴。

相信你的兴趣

神秘主义诗人鲁米（Rumi）曾经说过："默然沉静，让真爱之力携你前行。"意思就是，追求吸引你的事物，追随内心的召唤和自身的兴趣，相信那些激发你兴趣的东西必定会给予你什么，即便他人可能误解你为疯子。想想贝辛妮·弗兰凯（Bethenny Frankel），这位真人秀电视明星和脱口秀主持人对酒吧侍者的工作很感兴趣，于是参加了一门调酒课程的学习——几年后她创立了 Skinny Girl Margarita 品牌饮料，后来又将该品牌卖给了酒水行业的巨头。有些人曾经劝告她："这是一个男人主导的行业，你没有机会成功。"但她向人们证明，那些人说的都是错的。她相信自己，让兴趣指引自己前行——这一点正如史蒂夫·乔布斯学习美术字一样。

尽可能让自己追随兴趣，即使你无法预见它能给你带来什么。

相信共时性

共时性非常有趣。很多时候也不知道为什么某件事物会突然出现在你眼里，但是几个月后却发现，它竟然是完成你的发明的最后一块的拼图。而且我还发现，你越是信任自己，信任那些"碰巧"闯入你生活的东西，共时性现象就越会巧妙地发生：打开书，刚好是你想看到的那一页；商品从货架上掉落，正好是你找的那一款；一个朋友"碰巧"提起一件事情，而这件事刚好解决了你的一个难题。简直就像有魔力一样！

不仅如此，相信共时性有时还会引起一些让人喜出望外的"偶然"。你知道吗？许多深受人们欢迎的产品就是因为"偶然"才发明出来的。以便利贴为例，3M 公司当时正在寻找一种高强度的黏合剂，而并非是便利贴这种可以撕拉式的办公文具。橡皮泥的发明也是，它只是 20 世纪 40 年代人们出于战争用途而尝试制造人工合成橡胶的副产品。可见好奇之心与开放性的态度有时真会给人带来难以预计的回报。

共时性有时还会引导你对产品设计进行你无法想象的优化。在组装后向儿童安全座椅观察镜的时候，我特别好奇能否摒弃黏合剂的使用。于是我调查了多种可以廉价地把两块塑料黏在一起的方法，而且我还真找到了一种解决方案——我可以给两块塑料都打上孔，使用铆钉和铆钉枪就可以将它们牢牢地组合在一起了。这个方案不仅实用，而且还带来了额外收获：铆钉固定使得后视镜还可以自由调节——我根本都没预见到会有这样的效果。

好了，你的好奇心花园现在已生机勃勃。你养成了在好奇心笔记上记东西的习惯，喜欢提问题，热爱读书和研究，而且还热衷于调查遇到的每件商品。到了鼓起勇气的时候了，让我们接着来看下一章。

你有勇气吗?
让脸皮再厚一点

> 如果你没有勇气，那你将在这个世界上一事无成，它是继荣誉感之后最伟大的个人品质。
>
> ——亚里士多德

　　一想起遇到的那些有着绝妙的、出色的或者极有价值的想法，但却缺乏信心付诸于实践的人们我就倍感困扰。世界因此而失去了那么多本来非常实用、非常美丽或非常有益的创意。正如伟大的现代舞蹈家玛莎·葛兰姆（Martha Graham）所阐释的，富于想象的生命力在你的身上流动，因为世界上只有一个你，你对这种生命力的表现绝对独一无二——如果你阻挡了自我表现，它将永远无法以你的独特方式展现出来。世界必然会错失对这种美妙的生命力的表达。所以别再担心你的想法"好不好"，也别再忧心它是否可以与别人的主张媲美。纠结于将自己与他人做比较纯粹是一个人生陷阱。正如英国诗人和画家威廉·布莱克（William Blake）在 200 年前所说："我不分析推理，也不做比较：我的事业是创造。"我觉得真应该把这句话刻在我的额头上。

　　有个朋友告诉我她做过的一个梦。梦境大抵如此：她站在舞台上（类似的场景如站在一群考官面前），不知道自己在干什么，不知道答案，也不知道台词。在这样的梦里，她就站在聚光灯下，观众就坐在台下等待她的表演，可她压根搞不清到底该干什么。突然她想到："不用着急，我正在做梦呢。我想怎样就怎样！"于是她伸展臂膀，张开嘴，高声演唱她最喜欢的歌曲。因为这只是一场梦，所以管它呢，她想怎样就怎样。

倘若我们都能像这样以一种"管它呢"的态度看待生活，那我们一定会有更多伟大的发明和创新的作品问世。倘若可以把我们内心脆弱的自负与我们创新的想法分离开来，我们的创造发明之路一定会一发而不可收。本章内容就是要帮助你应对这些问题。我们大家平时都过于敏感了，不喜欢被拒绝，但总有办法可以解决的。

将你的想法与你自己分开

创新点子就像我们丰富的想象力所孕育出来的可爱的孩子，我们大部分人都把这些想法等同于我们自身。如果有人对我们的点子报以粗鲁或冷漠的态度，就会觉得那些言语伤害了我们的心灵，而且让我们对生活的期许变得暗淡。谁不希望自己的创新能得到热情的回应呢？一旦遭到我们认为的打击，很多人便从此沉默寡言，将自己的想法隐藏起来，再也不给别人机会让自己遭受伤痛。

但是，如果你抱着释然的态度让那些创新的想法自由发挥会怎样呢？这样的话，你那些如自己的孩子般的创新点子就不再完全是"你的"了。当然，它们是你倾尽全力的智慧结晶，即使遭到拒绝，也并非意味着自己一无是处。你只需耸耸肩膀，从这次拒绝当中吸取经验教训，牢牢抓紧自信的桅杆，然后，继续自己的工作，让创新的点子在你思想的草原上自由驰骋。

你需要这么做，因为我们所有人都对这个世界承担着一定的责任——让它变得更好、更安全、更友善，也更美丽。在某种程度上，过分关注我们脆弱的个人感受，与我们之所以来到这个世界的使命背道而驰。我们的存在就是为了享受生活，做我们最喜欢做的事情，并且尽可能地使这个世界更美好。

时间的流逝会让这一实践更容易。在我们持续不断地将自身创新性的灵感付诸实践的时候，我们越是降低对具体结果的期望，事情就变得越轻松。秘诀就在于，不管情况如何变化，我们始终迈步向前。有时候这意味着放弃一种想法去关注另一个点子。在本书第 11 章，我会帮你决定是应该坚定不移地为某一想法而努力，还是应该学会放下，转而迎接另一个新的创意。

切莫给毁灭梦想的人可乘之机

在我们努力工作、开发新产品，希望它能得到潜在买家或生产商青睐之前，还有些事情需要说清楚。

首先，把你的具体产品设计思路告诉别人（即"公开曝光"）绝非明智之举，因为这样做的后果很可能会毁掉你得到专利权的机会。保护你的创新想法很重要，在本书第 12 章我会谈到更多这方面的情况。但是向挚爱亲人大体聊聊你的灵感，告诉他们你有一个梦想——发明一种新产品并且让它出现在各个商店的货架上，这样做并无妨。

问题是，我们许多人都有一些习惯性地给梦想泼冷水的朋友或亲戚。在我们的生命里，总有一些人会用这样那样的评论来挫伤我们的自信心：

"我觉得你就不是搞发明的料——记着啊，你中学时候数学都不及格。"或者"我敢保证你想发明的东西别人早就想出来了。"或者更糟糕的是"你以为你是谁啊？"我们最不需要的就是听到这样的话。我老是想起菲尔斯太太（Mrs. Fiellds）这位饼干专家的成功历程。有人曾这样诋毁她的梦想，嘲笑她的想法实在是太蠢，生意绝对好不了，而且她没有大学文凭，也没有资金。

在我处于专利申请，着手生产我发明的后向儿童安全座椅观察镜的时候，一位家庭成员刚买了一辆时髦的新车，她告诉我在做车内装潢时，她的丈夫绝对不会把我的产品装在车上。我想是因为他们那时还没有孩子，意识不到我的产品的必要性。现在，在这款观察镜大卖之后，我可以微笑地回想过去："哈哈，她说错了！"我很庆幸没有让她的话影响我实现最初的梦想。

要想让培养勇气有个良好的开端，你就要学会辨别周围的人，明白生活中哪些人不理解我们和我们的想法，或者哪些人无论出于什么理由，都不希望我们获得成功。然后，你绝不能在这些人身上浪费你的时间和精力。

你仍旧可以跟这样的人结婚、交往，或者偶尔喝杯咖啡，但是他们不值得与其分享你的富于创新性的梦想。从现在开始，不要向那些无法给你积极回应的人透露你的心声。对于你的想法最好的回应应该是，"我相信你一定能做到！"最不济也应是，"我很感兴趣，可以讲讲你希望怎么做吗？"任何能够这样回答你的人都是你的啦啦队员。我们需要与他们增进联系，这样的话，一旦我们在前进的道路上偶遇挫折，也可以向他们求援——他们会帮我们扭转局面。达到这一点的前提是，我们首先要确认这些人是否真正对我们以及我们的想法感兴趣，渴望了解更多。

我们不奢望他们对我们的每一个灵感都给予溢美之词，但他们至少应该愿意深入了解我们内心的想法。

事实是，你追求梦想的勇气会让许多人感到害怕。他们担心你比他们更强大，他们想让你像原来一样渺小而愚笨。因此，下一次当身边有人嘲讽你的雄心壮志之时，你只需报以同情的目光，并时刻提醒自己，你拥有一个充满热情、不断开拓、富于创新意识的自我，而他们之所以这么做，肯定是缺乏自信、深感不安的结果。要牢记，这些人的观点与你所走上的创新发明旅程没有丝毫关系。

几年前，一个"好朋友"来到我的办公室（办公室里摆满了我的产品）。在我们聊天的时候，我告诉她我在考虑写一本书。她当时就说我是在痴人说梦。说实话，她的话的确对我打击不小。但我最终意识到，她的评论不应该影响到我事业的进展，于是我重拾信心，继续我追求梦想的脚步。如果我听了她的话，你们现在就看不到这本书了（正如我妈妈说的，"她只是嫉妒而已！"）。

正确看待批评

我们身边最亲近的人也可能会不假思索地诋毁我们的想法，比如"我可认为不是这样的！"这种言论与行业内部具有发言权的人深思熟虑的批评截然不同（一般只有处于专利申请中，或者你已经与他们签署了秘密协议的时候，你才会接触到他们。关于这一点，本书第12章将有更多介绍）。听到别人批评自己的设计想法决不是一件令人愉快的事，但是如果这些来自行业内部人士的批评提供给我们的是有益的建议而非负面的嘲讽，那这些批评会帮助我们改善产品，使我们获益匪浅。

因此，在将别人的评论一股脑扔出窗外之前，先把这些话一一记录下来。给自己一两天的时间来思考，然后再客观地看待这些评论。假如这个发明创新不是你脑力劳动的成果，假如你是完完全全的一个局外旁观者，那么，这些批评者所说的话有道理吗？某个人的说法对吗？这些批评如何才能被用来改善你的产品设计呢？

举个例子：很早以前，有一次我与一个颇有些名气的婴幼儿产品连锁店采购员取得了联系。我问他能否去他那里展示一下我的后向儿童安全座椅观察镜，他欣然同意。于是我挺着五个月的身孕飞到了新泽西，然后坐出租车到了他的办公室，但是却发现他正咕噜咕噜地拿着一大瓶亮粉色的酸味饮料往嘴里猛灌。显然对他来讲，那天是一个糟糕的日子。我当时已经疲惫不堪，但还是竭力向他介绍了我的产品。虽然他的反应不是太热情，但是他建议我改变一下产品的包装，而且他认为我的产品的确有很多优势，这使我倍受鼓舞。我能感觉到，这家连锁店希望与具备系列产品生产线和大型生产能力的商家合作，但我不愿意放弃。回到家，我立即去了一家商店，仔细研究哪些公司可能愿意把我的发明作为它们产品的补充。我在每件产品背面寻找联系信息，然后给每一家公司打电话。同时，一位客户建议我去参加在达拉斯举办的国际贸易展览会。于是我在获悉参展的方法后就去了达拉斯。长话短说，不知道是参加展览会的原因还是打电话的结果，一个持牌人注意到了我。他改变了我的产品的包装，巧妙地配上边框，看起来就像被一只可爱的毛绒玩具抱在怀里。他们很愿意跟我合作，在各个层面上都很看重我的投入——我们都很高兴找到对方成为合作伙伴。最终我的产品在那家采购员曾拒绝过我的连锁店（以及更多其他商店）里摆上货架——以不同的包装和带有新潮装饰的多种样式（例如供晚上开车时用的发光版）销售！你若想了解更多有关改善设计、优化产品以及促进销售的信息的话，第 15 章的内容一定会满足你的需求。

找到合适的推销方法

这部分包括以下两个方面的内容。

其一，不要把自己想象成一个谦恭可怜的产品兜售者，仿佛脖子上挂着一块大牌子"请买走我的产品吧"。你要这样想：你的产品可以帮助这些人发家致富！实际上，你的发明也许是继奥托·罗韦德尔（Otto Rohwedder）发明的面包切片机以来最好的产品。有人会按照你的思路来制造该产品吗？他们是否能够很好地呈现你的创新想法？如果他们不愿接受你的发明，那只能表明有更合适的人在等着你，他才会是你的最佳人选。

其二，预先做调查研究，以便于你能够以一种富有吸引力和说服力的方式向别人介绍你的发明。如果不幸被拒绝，不要踌躇不前。继续去名单上的下一个公司宣传，在那里你可能会找到合适的人选。在本书第 13 章，我会就如何以最有效的方式呈现你的产品做详细阐述。

庆祝你的发明创造

我特别喜欢这样一种做法：在家里或办公室的某个角落设立一个迷你"纪念堂"，在那里摆放一些能时刻让你想到自己的发明创造成就的物件。这样，每次当你看到这些东西时，你就可以自豪地说，"哇！这些都是我发明的！"如果你不喜欢这个创意，你还可以保留一本成功笔记，在上面记录你创造的每样东西或做过的事情。例如，你可以写上诸如此类的东西，"尽管我很紧张，我还是打了那个电话。"或者，"我找到了包装的新方法，成本更低。"

请记住，培养勇气最重要的是：把你的想法与你自己分开，保持从反馈中学习的渴望——无论是积极的还是消极的反馈——以及一种坚定不移地发明创造的意念。在遭遇挫败的时候，我们只需要耸耸肩说，"哦，好吧！"然后想象出另一种不同方案。创新的灵感之源用之不竭。

当你准备好把你的产品与世人共享的时候，你需要别人倾听你的声音。下面，我会告诉你如何大声说出你的想法。

你的声音有多强?
带着激情说出来

> 挺起你的胸膛，说出你心中所想，宣告事情的真相，让所有人与你分享；真理需要四处宣扬，勇敢者不会被消灭。
>
> ——伏尔泰

数十年前出版的几本书让一个当时具有革命性的理念流行开来：研究发现，人们可以通过观察他人的肢体语言来判断他们真正想说的话。因为虽然言语可以撒谎，身体却不会。与这一新颖理论相伴的还有这样一个说法：我们可以识别带着激情、言之凿凿的话语中的真相。这正是本章所讨论的"声音"要告诉你的——我们不是学习如何甜言蜜语、编造真相，或者如何以谎言骗取我们想得到的东西，而是学习如何将我们的真诚以及我们的热情传递给别人。

热情是富于感染力的：当我们自己激情四射的时候，也会让别人信服。如果我们对自己的想法深信不疑，即使有时不太确定，信心不足，仍旧可以让别人相信我们的想法。无论你有多么羞涩或安静，你都可以锻炼出强有力的声音——记住，强有力的声音并不意味着声音大——它会让你得到更好的机会，使他人真正听到你要说的话。整个过程需要三步：首先，我们必须了解自己，搞清楚是什么激励我们说出想法；其次，我们要将说的话浓缩至最简单、最有力的精髓；最后，我们必须对自己说的话充满热情。

按照以上三步训练，你将一发而不可收。即使你不能总是得到听众如你所期的回应（有很多因素会影响他人的反应，其中大多数都与你根本没有关系），你的内心也会听到你的声音，它会有力地跳动，鼓励你继续说下去。这样一来你的信心就会日益增加，你会看到自己变成一个言之有理、语气坚定、热情洋溢、为自己的想法积极宣扬的人。

是什么鼓励你张嘴说话

网络上有许多在线测试可以帮助你检测自己的个性类型，但搞清楚是什么激励你与别人谈话也同样有用。下面这个简单的测验可以让你思考一下，你可以像多莉·帕顿（Dolly Parton）建议的那样：确认你是怎样性格的人，然后专门训练。在你张嘴说话以前，最好明白自己真正想要什么。然后你可以学习如何与人交流——用一种更专注、更有效的方式实现自己的人生目标。

与人交流的动机测试（非常短小简单）

这个标题几乎和测验一样长！但这个小测验将帮助你发现到底是什么激励你与他人交流沟通的。

请判断：对还是错?

> ➤ 我喜欢给别人展示做事情的方法，指导他们并提供有用的信息。
> （教师）
>
> ➤ 我喜欢鼓励别人，使他们迸发灵感，创造多种可能。（激励者）
>
> ➤ 我喜欢提供服务，帮助别人改善他们的生活。（助手）
>
> ➤ 我喜欢与人进行情感上的交流，创造人际联系网。（联系者）

如果你对所有问题的回答都是"对"，那就是最理想化的结果。因为尽管这些由一个词汇描述的性格类型可能已经十分明显，但是强有力的声音应该包含以上所有的成分。即使只有一个"对"，你也值得庆幸，你至少拥有一个强大的动机帮你鼓足干劲，大力宣传你的产品或想法。例如，如果你证实自己是一个"助手"类型的人，你会发现量体裁衣式的说话很简单，你可以向别人展示你的想法会怎样帮他们把事情做得更好。如果你是一个"教师"类型的人，你会精神焕发地与人分享那些让人们感兴趣或着迷的信息。如果你是一个"联系者"类型的人，你很容易就能让别人喜欢你、信任你。如果你是一个"激励者"类型的人，你会让人们对你的项目热情似火，极为感兴趣。我们大部分人在做这个测试之前已经对这些领域的某个或某几个方面很熟悉了，这样很好，因为在向任何愿意倾听的人介绍你的产品时，这些性格特征就会很容易地出现（见本书第13章）。

发现精髓

我们每天都处在频频不断的语言轰炸当中。互联网、电视节目主持人、广播新闻播音员、以及音乐节目主持人等几乎不绝于耳——过载的信息几乎让我们身心俱疲。这种情况我们该怎么应对呢？最直接的方法就是切断这些声音。生命是如此短暂，应该尽可能去捕捉人生的精髓，耗费大量时间和精力在这些东西上，意义不大。如果你有想要向他人表达的想法或展示某样东西，希望人们认真倾听，就不必拐弯抹角，直奔主题更有效果。

有一个非常有用的小方法可以帮助你把想说的话浓缩到最核心的部分，叫做"电梯交流法"。设想你在电梯里，一个重要人物也上了电梯，这个人可能会给你很大帮助。巧的是，他竟然询问你目前在从事哪方面的工作。在电梯门打开，这个重要人物走出去之前，你有 30 秒时间说话。所以，你要说的话务必尽可能的有趣、精准而又简洁。

我最初开始发明创造事业的时候，当然没有什么"电梯交流法"，我想大多数人也都没接触过。实际上，有人问起我发明的产品时，我可能会这样回答："哦，好的，你知道当你要开车带孩子出门的时候，孩子必须坐在儿童后向安全座椅里，对吧？当孩子坐在这样的座椅里时，你是看不到他的。我也是个妈妈，有一次开车带着孩子，道路十分拥挤。我孩子非常安静地坐着，但是她通常并非这样。哦，我越来越担心，但是我却没有办法看到孩子。于是我就想，这是个问题，有人应该发明一种后视镜以便于开车的家长能看到孩子。我妈妈质问我为什么不自己搞发明，于是我就发明了这个产品。你可以把这个产品粘在汽车里，效果很好。"

我在一次聚会上遇到的一个公关人员曾经说过，要推销你的产品你必须回答三个问题：不买这款产品又能咋样？谁会关心这款产品的功能？这款产品对我有什么用？"电梯交流法"的训练能让你用简洁的话回答以上问题。不管你是在推销一本小说还是在宣传你的新产品，这样的方法都很管用。

再看现在，我向别人宣传产品时是这样的："依照法律，婴儿必须坐在后向儿童安全座椅里。但看不见自己的孩子，父母会非常担心。我发明的这款后视镜可以解决这个问题。作为一位母亲，我可以告诉你确实很实用。"

如此简洁的产品介绍与上个版本区别很大。使用的词汇不足上一个版本的一半，但是却更有力量，句句都在点子上。这种介绍回答了上面提到的三个问题：首先用事实（法律规定儿童必须坐在后向安全座椅里，没有后视镜看不到孩子）告诉听众"不买这款产品又能咋样？"，然后从情感角度（看不到孩子父母亲非常担心）让听众了解产品的功能，最后提供一种有效的解决方案（这款产品对我有什么用）。总共大约才 40 个词。

下面是一个有用的练习，你可以试试：

写一个关于你的想法或产品的"电梯交流法"推销稿，然后假想这是一篇别人写的稿子，用新奇的眼睛看看，它是不是能回答上面说过的三个问题？确保它能回答这些问题，然后缩减至一半长度。这是一个十分有趣的练习，你可以看看自己最少能用多少词语来达到推销你的产品的目的！

在本书第 13 章，我将介绍给你更多的方法把这种崭新的、流畅而又简洁的交流方式发挥到极致。

点燃激情，扔掉自负

世界上没有什么能够像兴奋和热情那样让其他人随之激动起来，这些品质本身就具有感染性。如果你真的为自己的想法而迸发热情——并非因自以为是而趾高气扬——这种能量就会自动传递给听众。但是切记要把你的灵感与你的自我意识分离开来，这样你才能把你美妙的想法独立地呈现给大家。

有一道对错判断题我没有纳入前面的交流动机小测验里，那道题是这样的，"我喜欢做一个富有的、有权力的、比他人更优秀的人。"这样类似的命题很多，但它却是最不可能滋养人的灵魂、助人实现心中渴求的动机（想想那些富裕而悲惨的有钱人）。不错，拥有大笔财富的确是件好事，但是我们的人生不仅仅是为了钱。人类已经进化到了这样的程度：每个人都是社会的一员，每个人都应该为社会做出积极的贡献。

事实是，没有人喜欢狂妄自大的自我推销者。下面举个例子。几年前，在一个作家兼画家的公寓参观学习期间，我们所有人必须简单介绍一下自己和近期所从事的事情。大家说得都很好很有趣——除了一个人。他滔滔不绝地谈论自己，从一开始就给人一种"我是如此优秀的杰出人物"的感觉，从面部表情也可以看出来，我们都对他不感兴趣。他太招摇过市，没有人想听他讲话。可能有人认为，这种表现的人内心缺乏自信，总是试图掩盖，通常也的确是这样。要是在开口说话前他就能弄明白，大家关注的重点是他的工作，而不是他脆弱的自我意识就好了。我们都需要踩在自信与谦卑之间的恰当界限上。在这次公寓参观学习活动中，真正感染大家的是每个富有创新精神的人对自己从事的工作的热情。谈起工作，他们是如此的兴奋，以至于我想要听到更多，看到更多，还想学习更多他们的创新思想。我发现自己对每个人的发言都充满热情。这正是我们此行的目的。事实是，虽然采购员、潜在的持牌人以及生产商想要知道你的产品如何才能替他们赚钱，但同样重要的是他们要喜欢听你讲话。当然，他们需要的是熟知他们生意行当的人，但同时也需要他们认同你成为他们的合作伙伴。你的想法也许很好，但如果你是一个惹人厌的家伙，你就不可能有机会。电视真人秀《创智赢家》（*Shark Tank*）证明了我的观点：一个贪婪的发明家因为过度放纵自我而落败。

发挥你的类型优势

仔细想一想你的交流动机测验结果。如果你是一个"助手"类型的人，但你却不甚清楚你的产品有什么好处——或者说，更糟糕的，你内心害怕它对人们有害——你的矛盾情绪就会在你谈论产品的时候表露出来。如果你是一个"激励者"类型的人，但是你却厌倦了自己的想法，那么你究竟怎样才能让别人对你的产品热情起来？对我来说，激励他人非常重要，这一点我很清楚。在我的广播节目或讲座完成后，我总是会听到这样的评论，"你的热情太富有感染力了！我自己也想发明东西！"这种话对我来说无疑是最好的褒奖，我的讲座也因为这样的认可越来越好。

我们对自己、对自己内心深处的动机越了解，就会越真诚，我们的热情就越富有感染力。就像肢体语言一样，内心的力量和信念不能伪装，来自真诚内心的活力与热情正是这个世界所渴求的。当我们借助真诚的力量去发明创造的时候，整个世界也会因此而获益。

让声音更具魅力的小训练

你应该还记着有一条让你感到兴奋又自豪，急于向人们分享的好消息。也许是女儿拿回家的一份优秀的成绩单，也许是朋友或配偶得到了升迁。回忆一下当你告诉别人时你嗓音里所洋溢出的兴奋之情。我敢保证你一定目光熠熠，脸上神采飞扬。请你静静地感觉一下：试着模仿一下当时的面部表情和肢体语言。然后，在你谈起你发明的产品或想法时，想象着运用同样的力量和热情。

找一个值得信赖的朋友或亲人（一个支持你事业的人），尝试用这种程度的热情把你准备好的"电梯交流法"推销稿讲给他听——或者在镜子前练习。你还可以给自己录像，看看会给人留下怎样的印象。

下一章，我会教你如何挖掘内部潜能，使你毫不费力就能得到热情与力量。

你的能量有多大?
让激情燃烧起来

> 力量与坚持可以征服一切。
>
> ——本杰明·富兰克林

好了,现在你已经知道要想让别人倾听你的声音,关键在于运用能量。那么如何才能做到呢? 我已经把所有东西归结在一个有趣的列表中,供你尝试。能量需要健康的身体作为载体,因此有些建议纯粹就是以强身健体和促进健康为目的的。另一些建议是有关如何改变你的心态的。还有些建议基本上是助你燃起激情之火的,人们称之为"精神"。虽然我认为身体、心态以及精神是密切联系在一起的,但我发现把这些东西分开会有助于人们练习,不至于被这么多东西吓倒。

总体来说,所有这些建议都简单易做,但是需要练习与投入才能使它们成为你生活中的好习惯。所有这些方面我都试过,而且大部分都已经成为我的日常习惯,所以我根本不用再考虑这些事情——我只需要收获它们带给我的好处就行了。我怎么知道它们管用呢? 我身上取之不尽、用之不竭的能量就是证明,这一点人们总是会首先注意到。我希望你也能拥有这样的力量。

保持精力充沛的行动清单

身体

- **深呼吸。** 保证尽可能多的练习深呼吸。这是简单的生理学原理：吸入更多氧气，让细胞充满活力。坐在办公桌前工作时，我每隔几分钟就会稍作休息，深吸几口气。我的一个朋友住在教堂附近，教堂的钟声每半个小时就会敲响。她说，每次钟声响起时，她就知道要深呼吸了。

- **散步。** 每天 30 分钟散步可以使你反应敏捷，心脏跳动健康有力。而且，在你散步的时候，你还可以思考某些问题，得到许多有创意的想法，既能健身又能放松心态，活跃思维，一举多得。

- **小睡。** 美国国家航空航天局最近发现，26 分钟的短暂睡眠就可以使人的机敏度提高 54%，工作能力提高 34%。有效的日间小睡一直以来都是很多天才人物的成功法宝，包括列奥纳多·达·芬奇（Leonardo da Vinci），萨尔瓦多·达利（Salvador Dali），以及托马斯·爱迪生（Thomas Edison）等。一些研究表明，10 分钟的小睡就可以让人精神抖擞。

- **沐浴。** 阿尔伯特·爱因斯坦（Albert Einstein）在浴盆里迸发出许多灵感（也许是在惬意的小睡之后！）。但他并非唯一在沐浴中思考的人，以著名悬疑小说家阿加莎·克里斯蒂（Agatha Christie）为例，她在浴室完成了大部分作品。

- **喝咖啡，吃黑巧克力。** 美味的咖啡和低糖黑巧克力可以长时间激发我们的活力〔正如伟大的作曲家 J.S. 巴赫（J.S. Bach）的名言，"在我变成山羊之前，请给我一杯咖啡。"]。尽管我们对于那些所谓的"喝咖啡取得成功"的商业广告可以一笑了之，但是咖啡的确有好处。过度摄入咖啡因对健康不利，因此，喝咖啡要节制，要有理性。

■ **休息时间跳个舞。** 戴上耳机，听着节奏明快的歌曲跳个舞。对我来说，伴着过去节拍清晰的摇滚歌曲跳舞会让我马上精神起来。

■ **嚼口香糖。** 有些研究者们发现，嚼口香糖的学生考试分数会提高；现在人们认为，实际上嚼口香糖的动作会促进脑部血液的流动，因而提升大脑的工作效率。

■ **做一些让人汗流浃背的运动。** 我在生完孩子后曾练习跆拳道以恢复体形，这项运动让我干劲十足。现在我经常去体育馆锻炼。

■ **短途旅行。** 有时候仅仅是看看不同的景色就能让你神清气爽。

■ **养一只宠物。** 我家的狗总是乐此不疲地反复做同一件事，每当我看到这样的情景时，我都提醒自己不要对重复的工作厌倦。而且，每天两次出门遛狗既能让我有机会呼吸室外新鲜的空气，又能激发我的灵感。无论你是喜欢狗、猫、还是美洲蜥蜴，你都可以无条件地给予爱，获得爱，这会让你获得更大能量。

■ **喝草本茶。** 喝一杯能激发你的活力的草本茶（或者在烹饪时把它们作为你的食材）。你可以使用下面这些花草进行任意组合：茴香、月桂、香葱、芫荽叶、肉桂皮、大蒜、姜、韭菜、洋葱、牛至、香芹、薄荷、迷迭香、鼠尾草等。

■ **使用柑橘精油。** 纯天然的柑橘精油的香气具有提神醒脑功效。因此，在一个浅碟子里滴几滴柠檬、酸橙、橘子，抑或葡萄柚精油，然后把它摆放在你的办公桌旁。

■ **吃不同颜色的食物。** 吃大量的绿叶蔬菜和不同颜色的蔬果会对你有很多好处。最基本的一点是避免吃单一的白色食物——白色面粉制成的意大利面或面包、白糖、含有抗菌素和激素的奶制品等。特别是要避免吃糖。糖能提供给我们巨大能量，但那只是暂时的，通常维持不了多久。

几年前，我去法国西南部的一个小村庄旅行。我在那里待了三周时间。在此期间，我吃的是村里母鸡下的蛋、新鲜出炉的面包、自制的奶酪、以及刚从树上摘下来的水果。我遇到的每个人都长得身材苗条，体格健康，因为他们每天行走在陡峭的山路上，在田园里劳作，吃的全都是未经加工的纯天然食物。许多村民已经八十多岁高龄，但他们仍旧精神矍铄。真是大开眼界啊！我现在也是一个回归健康饮食和生活方式的积极倡导者。一位当地的女性朋友告诉我，她很骄傲村民们拒绝了一家快餐连锁店进驻这个地方，甚至一个时髦的二十多岁的摇滚音乐人都赞成这样的观点，支持村民们的决定。

心态

■ **记住，我们这里讨论的很多东西就在你的脑海里。** 人的力量其实就是一种心境：保持心态乐观、充满希望，专注于事情的好的结果，多花点时间做自己想做的事，避开那些耗尽你心力的东西。这样，你就能长久保持积极向上、充满活力的状态。

■ **培养幽默感。** 我们都得面对挑战——但是，我们不一定会因此一蹶不振。相信我，我曾经遭遇许多困难，但我的梦想之火从没有熄灭。实际上，我认为与困难作斗争会让你动力十足，目标更明确，特别是当我们能笑对挑战的时候更是如此。

■ **每天花点时间想一想、做一做能够让你充满活力的事情。**相信你的本能：你喜欢做什么？我喜欢了解新事物，因此在闲暇时间，我通常都会在网上搜索或者去本地的书店或图书馆看看。当我抬起头来，我感觉到自己充满活力，精神高涨——当一个崭新的想法或理念出现在我的脑海里时，我感觉到整个世界都充满光明。

■ **我们大部分人经常会把事情想象得太糟，这种做法让人心力交瘁。**相反，把你的时间用在想象积极的结果上，这样你的身体就会充满健康的神经元激素。

■ **当你发现自己思想消极的时候，做一些积极的事情来分散注意力。**例如：给好朋友打个电话，清扫一下房间，或者读一本鼓舞人心的书。

精神

■ **学会两栏生活法。**A 栏全都是我们需要做的事情，如吃饭、洗衣、支付账单等等。B 栏全都是我们喜欢做的，真正想要做的事情。可悲的是，我们大部分人把精力全都耗费在了 A、B 栏中间的地方，做了许多我们觉得"应该"做，但其实我们真的不想做、也不必做的事情。停下来，从现在开始把你的活动限制在 A 栏和 B 栏——并且努力做更多 B 栏里你喜欢做的事情。

■ **不要看新闻。**那些持续不断的坏消息会逐渐耗尽你的精神。

■ **学会改变。**改变你的生活习惯、你室内家具摆放的格局、甚至你衣柜抽屉的方位。这样做会形成全新的神经通路，松弛渐趋僵化的惯常做法，使得创新性的思想更易迸发。

■ **保持忙碌的状态。**古老的谚语说，"要想办事效率高，就请一个大忙人帮忙。"此话不假——人越是忙碌越是干劲十足。

■ **避开满腹牢骚的人。**我最近在网上看到的一项研究说，经常与那些具有负面情绪的人呆在一起会让人的部分大脑萎缩。这种说法也许不可信，但我可以用自己的个人经验告诉你，当我跟那些喜欢抱怨的人不再联系后，我感觉好多了。

■ **寻找一些提示，帮你时刻牢记你与你的自我意识并非这个世界上最重要的事情。**搜罗一些美丽的地方，无论是源于自然还是人工雕琢的景色，去那里探访观光。

■ **学会感恩。**下次你要开车去某个地方，做一下这个感恩游戏：大声说出你能想到的所有你想感谢的人与物，越多越好。看看在你说完这一串人或物的时候，你的车开过了多少公里。你感恩的对象可大可小，从你的家人或你的健康到路边的野花或你戴在脖子上的围巾的颜色——你之所以戴它是因为它真的很美。

■ **做一些惠及他人的善事。**当初组装我发明的后视镜的时候，我通过与丈夫有关的就业训练中心雇用了一些残疾人。给他们提供就业机会真的使我很开心。与此相似，给因病无法外出的朋友做一顿饭，或者帮你后面的人付车费都会让人心情愉快。这些随意为之的善举会让你产生巨大能量。

当我几年前开始经营一家在线婴儿产品商店的时候，我把销售的每一笔资金的一个百分点捐给了一家慈善机构。我还给另一家慈善组织捐献实体产品，他们把捐来的东西分发给需要救助的母亲们。对我而言，这就是世界运行的方式，根本无须考虑。

学会放松

我们的文化一直在鼓励大家持续不断地创新，人人都因此而疲惫不堪。甚至休假也演化成了一种让人筋疲力尽的"不得不做"的事情——你知道有多少人说他们需要休假，以便于从假期的疲惫中恢复过来（富有讽刺意味的是，如果你在做自己真正喜欢的事情的话，为什么还需要度假呢）？

我想强调一点：定期的休息和放松——不是"休假"，而是让你真正放松的时刻——是必须的。每一个发明家，每一个富有创新精神的人都需要间断的时间来消遣，做做白日梦，或者无所事事地消磨时光。这种休息很重要，因为在人们远离工作，享受宁静的时候，一些绝妙的想法就会毫无征兆地出现。所以，务必保证在繁忙的工作之余给自己偶尔的放松时间。无需为浪费了时间而感到内疚，尽情地躺在床上读本好书，或者看一部无聊的影片。

一旦工作遇到障碍（通常是试图组装我发明的产品阶段），有时很难想出解决方案。对我来说，这既是挫折也是挑战。我不轻言失败，也不轻易放弃，我会从积极的角度去思考和尝试，直到想出办法为止。有时候我会暂时放下手头的工作，稍事休息——然后，灵感就自己来了。所以请你相信，那些看似无所事事的休息时间也许正是新思路、新方案诞生的时候。这些常常是你难以预料的。你想了解更多有关如何坚持下去，永不放弃的内容吗？去看看第 8 章吧。

你该如何滋养你的梦想?
呵护好你的梦想

> 我们因梦想而伟大。
>
> ——伍德罗·威尔逊

　　如果你不给梦想或灵感以滋养，它们就会消亡，这一点确实没错。就像活着的东西需要喂养一样，梦想与灵感都需要食品与水分。我有一个来自童年时期的心酸例子可以证明这一点。小时候，我有一只宠物龟，养在一个漂亮的画着棕榈树的塑料容器里。那时候我又小又笨，忘了给它喂食——好多天后，我惊恐地发现那个可怜的小东西已经死了。虽然过去了几十年，但每每想起来，我仍然感到难过。这个可怕的教训让我明白，我们必须得照顾好那些把身家性命托付给你的东西——创新性的思想就像那只宠物龟：它们需要你来滋养照顾。我们有多少人曾经有过绝妙的灵感，但是最后却都归于沉寂？就是因为我们没有好好地追求或者给予应有的关注。这样的事情一直在发生着。

为梦想准备一场盛宴

　　如果仅仅让我们的梦想以一种裸生存模式存在并非什么好事情。我们希望梦想苗壮成长、光彩夺目。在第 6 章中，我们看到了培养积极生活和思考的习惯，保持健康的心态对于激发梦想的重要性。接下来，我要告诉大家更多有助于梦想成长的建议。。

在进一步讨论之前，需要关注一下滋养梦想的常规（或者说每日）菜单。正如缪斯（Muses）女神（她们鼓舞各类富有创新精神的人）喜欢受人追捧与尊敬一样，梦想也会垂青于那些给予它们热忱关照的人。你持续不断地滋养梦想，梦想就会报以喜人的回馈。所以，每天留出一些时间从事你所追求的事情（而且记住，你花在想象与梦想上面的时间总是会有回报的！）。只要知道我正在追梦的道路上前行就会倍感愉悦——因为我明白，随着我的滋养，梦想之树总有一天会长大。我还知道，如果我对梦想不理不睬，它很快就会枯萎、死亡，我当然不希望这样的事情发生。

对我而言，每天早晨是滋养梦想的最佳时间。我会从养育孩子、开车、工作以及每天的琐事中抽出些时间来照顾我的梦想。梦想似乎更青睐固定的"用餐时间"，但是只要你每天能给予它们适时地滋养，它们决不会"挑肥拣瘦"。这种比喻真的很贴切：我们有些日子吃得多，有些日子吃得少，但我们必须每天吃饭。梦想，目标，灵感，以及事业都如同我们自己一样，需要每天呵护和滋养才能生机勃勃，苗壮成长。

成就梦想的环境

有人需要坐在工作室或办公室里为梦想补充营养——这就如同人们吃饭前在餐桌旁就座，摆好餐具一般。如果你有机会在这样的地方追求梦想，那就太好了！但并非只有优越的环境才能成就梦想。我有一位作家朋友，他还经营着一份生意。这份生意有时候需要开车送人去不同的店铺，在这些人购物期间，他得在车里等着。人们下了车后，他就从后备箱里取出自己的写作文具篮，斜倚在车前座上开始写作。

我自己也与这种"车轮上的移动工作室"有关系，因为在过去的多年里，我在汽车上完成了许多事情。倘若把这些零碎的时间加起来，我们会发现每周仅仅是用在等待上的时间就有好几个小时——例如，去接送孩子上学、放学，或者参加体育赛事或上舞蹈课。我们不得不在医生的诊所等待，或者在百货店的收银台前排队，或者在许多其他地方等候。这些等待的时间段都可以用来滋养我们的梦想；我们只需要一张纸，一支笔，或者如果没有这些东西的话，仅仅是我们的大脑就够了。任何时候都是关注梦想，培养希望的好时候。如果你需要长时间开车，使用手机的录音功能或者购买一个录音设备，这样你就能把任何转瞬即逝的美妙灵感捕捉下来，而且不用担心由于寻找纸笔而给自己或他人带来妨碍。

滋养梦想的菜单

说起如何滋养梦想，以下是我发现的一些非常有用的"美味佳肴"。

- **如果你非常渴望创新发明，找一个可以滋养你梦想的群体。** 在这样一个互联网时代，利用网络比起其他途径都要容易得多；你只需找到一个志同道合的网络兴趣群加入即可。LinkedIn 就是一个很棒的资源（在第 16 章中，你可以了解更多有关社交媒体的信息）。

- **去参加学习班，研讨会或者网上研讨活动。** 学习新事物会让你获益，你永远都无法知道这些知识会怎样滋养或者服务你的梦想与灵感。

■ **观看某位企业老板或发明家的 TED 演讲，这会让你备受鼓舞。** 去 www.ted.com 看看，那里有很多短小精悍的演讲，对大家都很有帮助——而且它们都是免费的。

■ **读一读你所敬佩的名家传记或者他们的自传。** 记住，每个人一开始都很普通，但只有少数人取得了伟大的成就。我喜欢探寻伟人们是如何取得成功的。你会发现，这些人的成功会让你心旌摇曳，信心倍增。

■ **观看激励人的节目。**《小人物，大世界》（*Little People，Big World*）节目当中的罗洛夫（Roloff）家庭就使我倍受鼓舞。这是一档真人秀节目，讲述一对身患侏儒症的夫妇工作及养育他们四个孩子的故事。尽管身材矮小，患有疾病，这对夫妇却取得了非凡的成就。马特，这位父亲，同时经营着好几样生意，其中一件就是为身材矮小者设计制造的一种特殊梯凳——这种发明帮他解决了日常生活中的一大难题。看到他们生意经营有道，充满智慧（马特的妻子艾米是一位教师兼公共演说家），应对侏儒症及生活难题自信、勇敢，我对他们十分敬佩。同时，他们的事迹也让我感觉到自己再也没有借口不追求梦想，因为相对他们而言，我要实现梦想相对容易得多。

■ **找一位良师益友——或者自己当一个指导老师。** 我与一群研究创业学的大学生一起工作，跟他们在一起颇有裨益。我喜欢把那些有助于我的信息传递给他人，这也是我写这本书的缘由之一。与活生生的榜样人物一起工作真的是乐趣多多。

- **从大局出发。** 无论是做一个生意上的还是生活上的决定，我总是会问自己，"这个决定是否与我希望孩子们将来继承的精神遗产保持一致？"时刻牢记我在给孩子们树立一个积极的榜样，这让我受益匪浅。

- **接受亲人们给你的挑战会让你精神激昂，备受鼓舞。** 事实的确如此，假如没有孩子，我就永远不会发明这些以养育孩子为中心的产品。对我来说，他们是上帝赐予我最好的礼物！他们让我有机会感受第一手的满足需求的快乐，也鼓励我努力做一个积极的人生榜样。

防止梦想"消化不良"

不要"贪婪"

对于滋养梦想的精神美食一定要精挑细选，因为如果你吞下每个人喂给你的食物的话，结果就是，你心里装满了毫无创新的、不可靠的思想——这就是消化不良的症状。你需要关注自己的需求，清楚并非每一条"美味的"建议都对你或你的梦想有好处，然后再进行理智地选择。这一点也适用于本书所提供给你的建议：一切东西都需要你自己明智判断。

举一个儿童爱畜动物园的例子。我过去常常带女儿去附近的一个小动物园，那里有一台糖果机，里面装满了食物小球，人们可以花25美分购买。去玩耍的人们总是买几把食物球喂给那里的动物，常年如此。可是，那些山羊、鸭子还有猪一点都不健康！它们不知道什么时候该停止吃那些东西。还记得电影《查理和巧克力工厂》(*Charlie and the Chocolate Factory*)中的女孩吗?她吃了蓝莓口香糖,然后像一个大气球一样爆炸了。我们吸收精神食物滋养梦想也是如此:在喂养创新思想的"婴儿"时一定要善于甄别优劣,以便于它能长得健康苗壮,全身都是创新的肌肉,而不是松松垮垮地长满了肥膘儿。

真话疗法抗酸剂

爱尔兰诗人威廉·巴特勒·叶芝(William Butler Yeats)曾经写道:"请轻些踩,因为你脚下踏着的是我的梦。"梦想被别人嘲笑的确是一件让人非常遗憾的事情,但更糟糕的是,很多时候这种践踏就发生在我们内心深处。我脑海里偶尔也会听到消极的自言自语,我喜欢把它们想象成一个胃酸过多、消化不良的怪物在说话,就像斯堪的纳维亚民间传说中的丑巨人一样,身材高大,粗野无理,满身毛发,卑鄙吝啬。他就是我内心并不喜欢我的那一部分。我为什么要听他的话呢?我为什么要在那些发表胡言乱语的个人观点的人身上浪费时间呢?没有人愿意听别人或者自己内心的怪物对自己的计划泼冷水。因此,如果下一次你内心的怪物开始贬低你的想法,认为它们一文不值,或者有人对你的梦想发表尖酸刻薄的评论,让你感觉到情绪低落的时候,尝试一下这种"抗酸剂":说一番真话。

首先,真话疗法并非新时代自我肯定疗法那样说话:"我内心充满光明与爱",而实际上你感觉到糟糕透顶了。真话疗法从讲事实开始,并由此铺展开来。给大家两个例子:

"当我的朋友说她觉得我的雄心壮志全都不现实的时候,我感到非常难过,心里十分不安。不过我知道她自己生活得很不快乐,也许她不希望我能做到一些她办不到的事情吧。"

"今天一想到成不了什么大器，我就情绪低落。但是，当我马上花点时间想一想本周我设法做成的所有事情，这时我的心里会感觉好受一些。"

告诉自己真相而不是粉饰太平地掩盖真相会让人得到解脱——之后进行积极正面的思考，明智选择，做一些事情来自我疗伤，自尊自爱，这样才有助于自我康复。

我们所有人都可以分享发明家成功人生的盛宴，培育健康的、可持续发展的人生目标。这些理想和追求最终将在人生梦想盛宴的餐桌上占据一席之地。我正在从容享受这顿盛宴的每一次咀嚼；目睹自己的创造发明展现出生机与活力是我所知道的人生中最大的满足。

你有坚忍的品质吗？
坚持下去，永不放弃

> 很多人生的失败者都不知道，在他们放弃的时
> 候，成功其实仅有一步之遥。
>
> ——托马斯·爱迪生

如果我们轻言放弃，想象与技巧就不会让我们走得太远。正如你不可能第一次坐在钢琴前就能像钢琴家一样演奏，成功也不可能轻易降临到你头上。为了实现梦想，我们需要一直保持动力，学习如何调整自己前行的步伐。我们需要在追求梦想的过程中享受快乐，而不是仅仅关注奋斗的结果。我们还需要拥有完全的自信，这样一来，当遭遇困境时，我们才会更加坚忍。对我们而言，最重要的莫过于发挥自己的优势，相信自己，尽最大可能取得成功。

灵活变通

一定要记住，虽然坚定决心很重要，但我们也必须时刻准备着变通。假如我坚持最初的想法，不做一丝一毫的改变，可能就无法取得最后的成功。我不得不适应新情况，认真考虑有益的批评，在必要时改变原来的计划。因此，虽然我投入巨大精力要把我发明的产品推销到成千上万的零售店去，但我不会在具体细节方面过分纠结。我不会在意推销的方式或者产品销售的详情。所有这些细枝末节的方面都是灵活的，完全可以变通。换句话说，我们需要培养的最佳态度就是自信、坚韧以及通晓在何处需要调整变化的智慧三者的完美结合。

通常我所遵循的规律就是，如果我听到了同样的——或者非常相似的——不同来源的建设性的批评的话，我可能就会听取建议，对计划进行相应的调整。我已经通过艰难的实践明白，不屈不挠的坚韧与顽固不化的死脑筋是有着天壤之别的。

追梦忠告

没有人在事情进展顺利的时候放弃（除非你有灰姑娘情节，对自己缺乏信心，对独立充满畏惧，这不在本书的讨论范畴）。只有当事情进展不顺或者遭遇挫败，失望透顶的时候，我们才可能试图认输。这里有一些积极主张和个人故事可以帮助你坚定信念、坚持到底。

座右铭与箴言

你新的座右铭应该是"我可以从失败中获取知识"。如果某人对你的想法无动于衷，那这个人就不会是能够帮助你把产品推向市场的合适人选。继续完善你的思想，努力将灵感变成现实，直到你找到那个合适的人。在此过程中，你需要不断进取、探索、学习。

"相信你的直觉。"把这句话作为你的箴言如何？我当时的专利代理人看过很多数据后告诉我，我的产品获得专利的可能性微乎其微。他建议我不必再申请了。但是我没有放弃，最终我得到了那个产品的专利以及后续好几个产品的专利。这个故事就是想要告诉你，你不能总是相信所谓的数据。

催人奋进的语录

名言或格言字字珠玑，常常一语道破世间真谛。我们千万不能低估这些话语的力量。当你需要鼓励的时候，读一读这些话，你会立即觉得信心倍增，充满了坚持不懈的勇气。

· 全世界都告诉你"放弃吧"，希望会在你的耳边低语："再试一次就会成功。"　　　　　　　　　　　　　　　　　——佚名

· 摔倒七次，站起来八次。　　　　　　　　　——日本谚语

· 并非我有多聪明，只是我比别人思考问题的时间更长。

——阿尔伯特·爱因斯坦

· 生活的意义不在于发现自我，而在于创造自我。　——乔治·萧伯纳

· 他们能成功是因为他们相信自己能做到。　　　　——维吉尔

· 你的成功与幸福全在于你自己。　　　　　　——海伦·凯勒

· 毅力会征服一切。　　　　　　　　　　　　——美国谚语

· 不要气馁，打开门的往往是一串钥匙中的最后一把。　——佚名

· 昨天跌倒了，今天站起来。　　　——赫伯特·乔治·威尔斯

· 只有第一圈跑得足够远才能发现还有第二圈，可是大部分人都没有做到。　　　　　　　　　　　　　　　——威廉·詹姆斯

· 永远不要把一次失败和最终失败混为一谈。——斯科特·菲茨杰拉德

· 天下莫柔弱于水，而攻坚强者莫之能胜，以其无以易之。——老子

- 世界历史上有很多人在自信、勇敢及不屈不挠的毅力推动下成为领导者。 ——圣雄甘地
- 好运不过是坚持不懈的结果。 ——阿尔伯特·哈伯德
- 我不知道还有什么品质比得上坚韧不拔，它是一颗至高无上的心灵所能得到的无可置疑的荣誉徽章。 ——拉尔夫·瓦尔多·爱默生
- 勇气不是指拥有继续前行的力量，而是指在你没有力量时，仍能继续向前。 ——西奥多·罗斯福
- 让我告诉你引领我到达胜利彼岸的秘密吧。我的力量完全源自我的坚持。 ——路易·巴斯德
- 要用毅力消除抵触情绪。 ——伍迪·海耶斯

相信你的追梦旅程和计划

一定要相信，只要你持续努力，事情总会有好的结果。也许你需要改变你的方法或者心态，完善你的想法，但只要拒绝失败，最终你会实现人生追求的梦想。甚至会收获更多!

在我发明创造的过程当中，有很多次几乎都要放弃。曾经有一家公司，马上就要跟我签署授权协议了，但在最后一刻他们改变了市场策略，于是整个交易泡汤了。我本来想说，"见鬼去吧!"然后放弃这个产品，但我最终还是坚持了下来——1 年后，另一个授权发展商找到了我。还有一个例子:一个欧洲经销商在一次贸易展览会上跟我相遇，他希望代理我的产品，于是我聘请了律师起草授权协议。经过数周来来回回的交涉，交易最终告吹。但我并没有放弃，我花了数月时间给他们打电话，跟进

他们的最新发展，最终成功地签署了协议。

在我最初设计的后向儿童安全座椅观察镜投放市场后，一路畅销。我想要保持在市场竞争中的领先位置，为随后创新设计的各类不同款式的观察镜申请专利。但是我向一位专利代理人咨询，他却说我不应该是自己的竞争对手。他建议我放弃，可是我的直觉告诉我要继续前进。幸亏我没有放弃，事情干得很漂亮：后向儿童安全座椅观察镜销售市场蓬勃发展，别的公司也想分一杯羹，但我把它们全都远远甩到了后面。我成功获得了申请的所有专利。

像猫头鹰一样工作

猫头鹰把不利条件——黑暗——转化成了有利条件：当大部分捕食者入睡的时候，猫头鹰出来猎食了。它们还具备一种广为人知的能力，可以近乎 360 度转动自己的头。所以，让猫头鹰做你的引导者——当你似乎陷入僵局的时候，换个不同角度试试。只要有可能，尽量把那些看似劣势的情形转化成你的优势。我有一次发明了一种安全观察镜，用来安装在婴儿背带上。我准备把这种产品放到一家著名的户外用品店销售，可是这家公司却婉言谢绝了——但是我注意到，一年后，该公司销售的新款婴儿背带上却赫然配备了一面安全观察镜！对我而言，这可以说是一次沉重打击（我完全有借口放弃这个产品）！但是相反，我没有认输，我把该款产品销售给了那些使用老款婴儿背带的客户。

在这个世界上，名人和成功人士的励志故事数不胜数。他们用纯粹的战斗精神克服了一个又一个障碍取得了人生的辉煌。我在一次贸易展览会上遇到了黛比·费尔兹（Debbi Fields，费尔兹夫人饼干连锁店的创始人），她是会上的主旨发言人。她在发言中讲到了自己遭遇过的种种困境：从不愿卖给她原材料的食品生产商（因为在创业初期她需要的数量太小），到习惯于接受正式商业计划的家庭成员以及拒绝给予她商业贷款的银行。一家市场调研公司甚至告诉她，她生产的饼干绝对卖不出去，因为人们喜欢吃的是松脆的饼干，而不是软饼干。尽管如此，几年后她对这项事业的热情仍未减退，她坚持不懈的精神着实让人感动。正是这份执着，她最终说服了一些人来帮助她。有人愿意卖给她质量上乘的巧克力，但是只能开着小汽车给她送货，因为她需要的数量太小用不着动用卡车；银行家同意给她贷款，因为他们相信她和她的工作热情。银行家冒着巨大风险给她投资，因为她的商业模式之前从未有过。但是最终他们成功了，银行家也得以处理她的账户好多年。无论在哪里，总有人找理由劝她退却，可是她从未放弃。这种坚忍不拔的精神——连同她制作的精美饼干——成就了今天她事业的成功。但如果你觉得只有变成一个粗暴、凶猛的斗牛一般的人物才能取得成功的话，你就错了。想一想：费尔兹夫人可能是你见过的最善良、最友好的人！

几种可供尝试的方法

坚持不住，想要放弃？那就试一试下面这几种方法。

● **激励信。**当你处在濒临崩溃的边缘时，这样的信会让你受到鼓舞——你是最佳的写信人，因为还有谁能像你这样了解自己？所以，给自己写一封信。在信中提醒自己最珍贵的梦想都有哪些，列举出所有你设法完成了的事情，告诉自己要坚持不懈。然后，把你的信装进信封，贴上邮票，投进邮箱递给自己。收到信之后，读一读，保存到一个特殊的、安全的地方。在你完成了自己的人生目标后，取出信重新读一遍，这将是一件非常美妙的事情。

● **勇气碗**。写出一串让你对自己充满信心，渴望继续奋斗的事情。把这个单子剪成小纸片，折叠起来，然后把它们全都放进一个特别的碗里。一旦你需要鼓励，让自己重拾信心和勇气的时候，随意拿出一个读一遍。把它放到你的电脑旁、梳妆镜前或者揣在口袋里随身携带。你还可以写下一些本章前面提到的激励人心的谚语，或者其他让你信心倍增的文字。互联网是一个寻找励志谚语的极佳途径。

● **坚持的理由**。不需要多想，写下至少三个你觉得自己的想法特别绝妙，特别有用的理由。等到你想退缩的时候，重新读读这个单子。它会提醒你，如果你放弃了，世界将会因此失去很多美好的事物。

正如我父亲调侃那些不能坚持到底的人的话，"他只是一个拉小提琴的人，永远不会成为一个小提琴家。"我们希望人人都能为理想而尽自己最大的努力，相信自己能坚持到底，勇于付出，决不放弃，坚守信念。这样，我们都可以成为出色的小提琴家！

成功并不难：
发明的六个简单步骤

> 你不必看清整个楼梯，迈出第一步就好了。
>
> ——马丁·路德·金

你已经学会了如何培养大部分发明家们都具备的品质特点，完全可以为自己的成功而努力了。没有什么时候能比得了现在，马上发挥你的创新思想去赚钱吧。为什么呢？因为：

➤ 发明家们属于社会主流，做一个发明家实在是太酷了；

➤ 有很多电视节目使得发明家们成为聚光灯下的焦点；

➤ 你可以申请一个临时专利，它将会保护你的想法，你不需要经历整个专利申请繁琐的过程——临时专利会确保你得到极其重要的第一申请日期的优势；

➤ 各类大学和学院都有创业项目；

➤ 大大小小的公司都在寻找社会上的创新思想，给发明家们敞开大门；

➤ 那些谎称帮助发明家们的骗子公司正在减少，法律对他们也更加严厉地打击；

➤ 现在可以得到很多众筹基金和天使投资人投资的机会；

➤ 有了互联网，你动动指头就可以进行免费调查研究；

➤ 比起过去，现在更容易接触到公司的决策者；

➤ 社交媒体和市场营销是一个巨大优势；

➤ 产品原型制造和印刷宣传品更廉价，更便捷；

➤ 而且，你还有这本书给你提供全方位的指导！

那么，现在该从具体细节入手，学习如何把一个创新想法推向市场。没有人生来就知道这些。实际上，在我 23 年前开始发明产品、创立公司的时候，对于如何将自己笔记本上的灵感变成商店货架上的产品根本没有头绪，也没有一本全方位的指导手册可供借鉴学习。我不知道都有哪些可能的选择，该向谁咨询，专利许可证是什么，我是否需要法律或会计方面的建议，以及到底该如何保护和打造我的产品。我是一个十足的菜鸟！但我下定决心要搞懂这一切，而且最后我成功了。

好消息就是，我已经把所有跑腿的工作都做完了，不需要再做重复工作。所有资料都包含在这本书里。如果你对这些事情不熟悉的话，相信我，你会觉得整个过程极其繁琐，让人害怕。正因为如此，我把整个过程拆分成了六个可操作的步骤。

我注意到有些发明家利用他们的发明创造赚了钱，然后就把他们的方法传授或者兜售给他人，有些还把他们的成功经验写成书销售，似乎他们已经发现了获取成功的秘方。但是每个人的成功之路都不尽相同，尽管人们都希望有一种放之四海而皆准的办法，可事实上通过一种途径赚得盆满钵满的情况几乎没有。而我的这本书提供给你的是一些有用的技巧，运用这些技巧能加强前面提到的六种成功必备的品质特征，助力你成功；随后即将提到的六个简单步骤也会帮助你抵达成功的彼岸。除此之外，本书还要传递给你的是一种灵活选择的智慧，你有机会选择最适合你的方式取得成功！

大部分发明家，也包括我在内，在发明创造的初期都经验不足——但是对于自己的创新思想却兴奋不已——以至于他们愿意出巨资请公司帮助他们将发明的产品推向市场。打个比方就是，他们想把足球传给别人，让他人帮他们带球进入得分区。可是基于我自己的亲身体会，你不可能找到一家不会索要巨额预付金的公司。我没有大笔的钱容许我去浪费，于是我认识到，如果想要在这场游戏中得分的话，我必须制定出适合自己的方案。

在这场发明创造投放市场的游戏中，你支付给别人钱并不能保证结果会更好。我的建议是，与其花钱请一个代理人，不如自己多付出些努力。在本书讲到的"6+6"发明步骤的帮助下，你的产品一定能成功，你自然也会享受到其中的甘甜——而且，整个过程你也会节约大笔的经费。

当人们知道我是一个发明家的时候，十有八九会非常兴奋，急于告诉我他们的创新灵感。我通常会当即打断他们的话，因为在你的发明得到专利保护之前，把自己的想法告诉他人并非明智之举。然后，他们就会提议，只要我能把他们的产品成功推向市场，他们将分给我一半的利润。许多搞发明的人告诉我，他们害怕别人窃取自己的发明，渴望把自己的产品推向市场但是却对如何运作一无所知。

大部分发明家都会给那些自称能够帮助他们的人付钱。举个例子：在最近一次贸易展上，相邻摊位的一个发明者告诉我，他支付给某公司一万美元帮他申请了专利。结果，这家公司帮他申请的仅仅是一个临时专利——我替他感到惋惜，因为我知道申请一个临时专利只需花费一百多美元。你能相信吗？这简直就是敲诈。世界上到处都是这样的骗子。我告诉这个发明者他被骗得有多惨，他请求我帮帮他。我讲给他搞研发以及申请专利的步骤和方法，他对我万分感激。随后你将读到这六个步骤和方法。我的目的就是帮助人们避免类似一万美元的敲诈，让大家有信心独立走好自己的发明创新之路。

在本书后面的章节，你将读到发明创造的六个简单步骤。你应该把它们看作是一套获取创新灵感，建立兴旺企业的战略蓝图。但是，在某些情况下，你并不需要按部就班地套用这些步骤，因为你的成功之路与你一样，永远是独一无二的！

● **步骤一：思考，一切都源于灵感。** 每一项发明都始于一个灵感，所以发明的第一步就是得到灵感。你可以学习我的方法，让创造性地思绪流动起来：发现一种需求，解决一个问题，然后再得到另一个美妙的想法。

● **步骤二：实践，使你的梦想变成现实。** 我会教你如何判断你发明的产品是否有市场价值，价位是否合理，是否有盈利的可能性。我还会告诉你，什么是产品介绍，如何制作。你的想法有没有使用价值？会不会销售出去？你的产品原型看起来如何？取出硬纸板和胶带，制作一个原型。然后运用我教给你的强大技巧把你的产品推向市场，把它放到你最喜欢的店铺的货架上。这样，你就可以心满意足地看着自己的产品红红火火地销售起来了。

● **步骤三：保护，让盗贼远离你的发明。** 你的发明就像一艘行驶在海上的航船，我会阐明保护你的创新思想安全的过程，阻止海盗破坏你的航船的企图。驾驶和保护航船充满挑战，但我会引导你穿过鲨鱼出没的海域，告诉你不同的保护方法——从有可能免费的保密协议（NDA），到仅花费一百多美元的临时专利申请（PPA），再到完全 / 非临时性专利。要申请非临时性专利通常需要聘请专利代理律师，花费一定的资金，但是绝对值的。在有些情况下，你根本不需要申请专利。

● **步骤四：推销，让人迫切希望拥有它。**利用社交媒体寻找途径（在你的发明得到专利保护以后），激发人们对你的产品的渴望，掌握吸引顾客的方法，参加贸易展览会宣传，等等。

● **步骤五：制造，在自己家里还是别的地方。**你想自己组装产品还是找一个授权制造商？你也许想做一个出谋划策者，找别人承担创业的金融风险；或许你还想以自己的产品为依托，创建一个商业帝国。无论你的想法如何，我会帮你理清思绪，认准方向。每一款产品的可变因素都不相同，但我会切入关键因素，这样你就能搞清楚哪种方法最适合你和你的产品。

● **步骤六：装饰，美化你的产品。**给你的产品添上装饰，增加附属功能，让它更加美观，这样消费者才会热烈追捧。学会像消费者一样思考，这样你的产品的生命力和吸引力才会增加，销售才能长久。

好了，让我们从步骤一开始。打开下一页，看看如何开始你的发明创造之旅。

发明步骤一：
思考，一切都源于灵感

> 思想不是一个要被填满的容器，而是一把有待
> 点燃的火炬。
>
> ——普卢塔克

这是一个鼓舞人心的观点：人类社会现在制造的任何产品曾经都只是某个人想象中的灵光一闪。在一件产品问世之前，肯定有人得到了发明该产品的灵感。一想到这些，我们就会信心满满。因为，既然他们能够进行发明创造，我们也行。那么，灵感到底来自何方呢？它们是不是漂浮在空中，等待我们敞开心扉，或是像回家的信鸽一样涌进我们的大脑？当坐在那里等待灵感降临的时候，如果我们厌倦了该怎么办呢？我们怎样才会预见灵感的到来，能不能从空中抓住它们？我们怎么做灵感女神才会频频眷顾？是不是要开始祭献神灵，在窗台上摆好牛奶？我们都希望成为下一个得到绝妙灵感的人，可是，我们该怎么做呢？

本书第 3 章讲了很多非常有用的方法，你可以通过阅读和观察变得更加机敏，细心留意身边的事物，对生活保持一颗好奇心。这些都是如何获得灵感的好办法。接下来，让我们看看其中一种答案。

从你了解的事物开始——但要跳出固有思维模式

获取创新思维的一个好方法就是，仔细观察我们每天的生活，看看我们需要什么，注意什么可能会派上用场，什么会改善我们的生活或使事情更便捷。正如古代寓言家伊索所说，"需要乃发明之母"。换句话说，对某物的需求正是推动你发明它的动力所在。

想一想我们每天使用的一些物品。现在我们简直无法想象没有它们生活会怎样，可六十年前人们对它们还闻所未闻，或者它们已然存在，可完全是另外一副笨拙的样子。现在有很多发明都是对那些已经存在的物品的改进——因为人人都希望自己所使用的东西更新、更好、也更便捷。对于搞发明的人来说，记住这一点很重要。科学技术所要做的就是不断创新，为同一商品设计更多不同的版本。所以，想一想这样的产品：无绳电钻、牙线、无袋吸尘器、免提耳机、记忆泡沫床垫、牙齿美白产品、羊毛外套——这个名单可以不断写下去，更不用提那些大件产品，如计算机、MP3 播放机以及内置摄影机的蜂窝电话。以前谁能想象出这些商品？但是的确有人想到了。这不禁让人对那些还没有发明出来的产品浮想联翩。那么，你现在能想象出来些什么东西呢？

我们大部分人都处在一种文化迷雾之中。在这样的情况下，我们只能注意到现存的东西。但是，只有创造性地运用想象力才能发明新事物。在发明的最初阶段，你首先需要意识到人们的某种需求——然后找到一种满足需求的方法。我就是这样开始走上发明创造之路的。

你已经知道是什么动力激励我发明了后向儿童安全座椅观察镜，但是我的发明创造历程并未就此停歇。的确，正是养育孩子把我变成了一个发明家。在首个发明问世之后不到八个月的时间里，我又陆续发明了几种其他产品，包括我在本书第 8 章里提到过的婴儿背带安全观察镜。之所以会设计出这样的产品是因为当我用背带背着小孩时，我看不到她。不知道她是否已经睡着或者她的小脑袋到底有没有放好，或者有没有其他让人担忧的情况。这个产品是后向儿童安全座椅观察镜用途的一种延伸，对我来说很容易做到，因为那时我已经轻车熟路了。但是，我的确一次只关注一种发明，因为全面铺开你的注意力可能并非什么好事情。如若你一次只专心研究一样东西的话，通常总会得到更好的结果。正如谚语所说，如果你同时追两只兔子，你将一无所获。

在带有强制锁（专为孩子而降低了的下联结卡子和系链）系统以保证座椅更安全的新款汽车投放市场后，顶端的系链勾成为安装后向儿童安全座椅观察镜的最佳位置。于是我申请并得到了一项专利以保护这种安装设备的方法。配有弹性头套也是新款汽车的特色，我把这种头套也作为安装观察镜的一个备选位置。

有些发明源于痛苦的经历。当我用婴儿背带背着小孩时，他们有时感到无聊就开始寻找东西玩。他们曾无数次地抓住我的头发或耳环摆弄。如果你有小孩，你就知道他们揪住东西时柔嫩的小手却能像老虎钳一样抓紧——呀，实在是太疼了！那些幼儿活动中心悬挂在婴儿床头的玩具让我获得了灵感，我于是设计出了一种装饰着晃来晃去的东西的帽边，孩子的小手可以抓着玩——而且这种帽边可以装在任何帽子的后面。这种添加到帽子上的简单装饰给孩子带来了无穷的乐趣，也免除了父母亲的痛苦。我的几个孩子都很喜欢，特别是我最小的孩子——梅根，因为她很多时候都得坐在婴儿背带里，而其他孩子已经长大，可以坐手推童车或者自己可以走路了。在一次贸易展览会上，这个产品被选为十佳发明之一，而且还出现在一档大型电视节目里。在节目中，主持人就戴着一项这样的帽子。

我的孩子逐渐长大，再也不用坐在后向儿童安全座椅里了。我为他们设计了一种汽车侧门储物袋——因为孩子系上安全带坐在车后座上是没法够着传统汽车后座储物袋里的玩具、书本或者其他任何东西的。汽车后座储物袋是为年龄较大且胳膊较长的孩子设计的，但我设计的储物袋安装在靠近孩子的车门上，还包括一个可折叠的饮料架和零食托盘。

当然，我现在仍在努力发明创新。每年夏天，全家人都会去野营，围着篝火吃美食是大家最喜爱的活动。可问题是，总有人离篝火太近（有一次，我丈夫甚至掉进了火堆里！），于是我开始思考制作可伸缩的烤肉扦，并制成了一个产品原型。之后我在商店里做了一次小调查，发现已经有人想到了解决这个问题的方法。但将来我或许会试着制作一个不同的伸缩烤肉扦，而且围绕野营活动我还有一些其他创新发明的想法，将来都要一一尝试。

就在最近，我们在饭店吃饭。一个女服务员打翻了托盘，上面的东西全都滑落下来，滚烫的海鲜杂烩浓汤刚好撒到了女儿身上。谢天谢地，我女儿泰勒并没有受伤（她觉得冷，穿了一件厚羊毛夹克，正好保护了她），但这件事不由地让我开始思考设计一种更安全的托盘，以避免这样的事情再次发生。

还有一次在观看一场日本武士的表演，我注意到了剑从剑鞘中拔出来的细节，脑海中突然灵光一闪：为什么不能给厨房里的刀具架设计出一种内置的磨刀器呢？这样每次你从刀具架上拔出刀时，它就被磨得更锋利了。我对具有双重或多重功能的产品非常着迷，这个设计灵感刚好符合我的设想。于是，我使用通用搜索引擎查了一下，发现这种设计理念的产品已经有了。但是我还有几个锦囊妙计，可以对这种产品进行优化和改进，也许将来我会把它制作出来。

通过这些经历我想要告诉你的就是：作为一个发明家，你必须一直保持敏锐的观察力，并善于思考问题。因为，一切东西都可能成为你发明创造的素材。随着你越来越擅长于获得创新想法，你会逐渐学会识别哪些想法值得你花费时间、精力和注意力去进一步探究。在本书第 11 章，我会讲给你更多有关产品市场推广价值的知识（这将有助于你做出明智判断和决定！），在你熟悉了整个发明创造过程之后，就可以同时解决不止一个问题了。

试试这个有趣的练习

带着纸和笔去厨房看看，快速记下你看到的每天使用的十件物品。然后坐下来，思考一下每件东西可以怎样改变、多样化、组合或者改进。尽情展开你想象力的翅膀，想怎样就怎样！例如，你有多少次以过滤滴漏的方式调制咖啡时沸水溢出了器皿？现在好了，有人想出了好办法，在咖啡杯底部设计有一些小洞，这样你就可以看清咖啡杯是否快满了。我刚读过的文章上讲到了一种新发明的啤酒杯，在杯内底部使用了镭射蚀刻技术，这样一来就可以持续产生泡沫，释放出酒香。你有没有迸发出什么灵感呢？

正如你所看到的，生活的方方面面都有问题等待解决，由此引发的创新想法就可以使这些问题迎刃而解。我养了一只狗，像所有养狗的人一样，每天出去遛狗时都要面对清理狗屎的问题。呃，近来狗屎确实已经被列为有危害的东西，如果你不清理就要面临很重的罚款。在一次特别糟糕的宠物垃圾袋经历之后，我发明出了一种漂亮而又整洁的垃圾袋，可以很好地解决清理狗便的问题，我给它取名叫降落伞狗狗垃圾清理套装。在本书第 16 章我会讲给你更多关于这个发明的故事。（相信我，如果我都能利用狗狗垃圾袋赚钱，你也可以利用发明的任何东西致富！）记住，随着法律法规的改变和科学技术的提高，你有许许多多机会跃上发明创造的潮头，成为勇于创新的弄潮儿！

不要停滞不前

并非只有某个领域的专家才能看出哪些产品需要改进，哪些东西需要变化。以谷歌这个巨头公司为例，该公司有一个"百分之二十的时间"项目，允许员工走出他们习以为常的专业领域，利用百分之二十的上班时间发展其他技术——转化为具体工作日，其实就是每周可以利用一天时间探索其他领域的东西。其结果呢？大量的新产品随之而诞生。

因此可以说，尽管我们探索身边每天生活中的需求来获取创新灵感很重要，但同时也应该抬眼看看别处我们不熟悉的地方。

你需要牢记在心的几点

在你思考、探索以及想象创造新产品的可能性时，请记住以下几点。

➤ **产品需要漂亮精致。**在顾客看到你的产品时，要使他们这样想："哇，多么出色的设计！我怎么就没想到呢？"

➤ **产品具备广泛吸引力。** 如果想要你的产品的人寥寥无几，那么该产品就无法生产销售。要深入了解大众需求，发明出使大面积人群受益的产品。

➤ **产品设计简单。** 所谓简单就是指容易制作的产品原型和不那么复杂的生产流程。简单还意味着制造成本低廉，销售价格便宜。

➤ **考虑产品更新问题。** 你也许会想象出某种人们需要大量购买或者需要不断更替配件的产品——像剃须刀片、打印机墨盒或者纯净水滤芯。频繁地更新替换就意味着持续的产品收益。

➤ **让现存的产品变形。** 就像我发明的玩具帽边是那些悬挂在婴儿床头的可移动玩具的变形一样，你也可以训练自己，用敏锐的观察力发现你所遇到的各类产品变形利用的可能性。

➤ **考虑双重用途，二合一就是好。** 许多人在徒步旅行或远足时选择使用我的降落伞狗狗垃圾袋作为盛放食物或者水的便携袋，而我的玩具帽边一方面保护了大人的头发和珠宝饰品，同时又给孩子们提供了玩具。对现在的人来说，省时省力，节约空间很重要。所以，多考虑一下多种用途相结合的产品。比如，一把蛋糕切分刀或铲就意味着一个器具代替了两个器具，你家的杂货抽屉就不会塞得那么满。还有其他一些例子：冰铲／除雪刷、叉勺（代替了勺子和叉子）、末端带锐口牙刮匙的牙刷、口红与化妆镜二合一的产品等。在最近一次贸易展览会上我遇到一位妇女，她发明了一种非常有独创性的产品：一件头带／阅读眼镜的结合物，它能避免头发散落在脸上，使得眼镜方便取用，同时又能解决那些烦人的小事情。

➤ **了解人们为什么购买。**因为你想要让人们购买你的产品，所以应首先了解人们购买产品的动机，这一点非常重要。消费是情感活动。即便是在经济低迷的时候，人们仍然离不开消费——为了让自己感到强大、安全、开心。公众希望买到的产品能替他们节约时间，方便操作。人们还希望买到那些最新的，让人得到兴奋使用体验的产品。包装是一个关键因素：合适的包装会让产品更具吸引力，也是宣传品牌的绝佳途径（在本书第 16 章有更多关于品牌拓展方面的内容）。一个朋友告诉我，尽管她有一套塑料量杯和一套金属量杯，但一套新投放市场的瓷质量杯仍然让她倾心不已，这套量杯是以一位著名烹饪节目主持人的名字命名的，她认为自己必须购买——正是该产品精美的包装促使她下定了决心。有些人购买东西是出于从众心理，这些产品让他们感觉自己属于某一消费群体，而另外一些人购买东西是为了突现自己与众不同的个性。人们还喜欢那些为专门用途包装的产品，但总体来讲，我们购买产品的目的是为了改善生活，使我们自己更快乐。

商店搜索练习

　　这是一种练习你的创新思路的方法。去本地的一家商店——最好是大商店——挑任意一条通道走下去。以一个发明者而不是消费者的眼光浏览通道两边所有的商品，然后做个笔记：你能想出哪些改善产品的方法？怎样才能使这些产品改变用途？假如你在洗浴产品区，你在那里看到的商品有没有可能在家里其他地方使用？我认识的一个人买了一个漂亮的石质牙刷架，但他却把这个架子放在书桌上，用来放钢笔，铅笔一类的文具。如果这种设计能够稍做调整的话，这件产品就能针对完全不同的消费群体投放市场：文具店，办公用品，高端产品目录，以及家居用品店——你可以挖掘全新的消费群体或者授权经营商。有哪些产品可以组合起来变成二合一的新产品？有没有什么产品激发了你的灵感，让你得到了一个全新的想法？

组织好你的创意

直到不久前，按照规定，任何人只要能证明他是首先得到某一产品设计灵感的人就可以拿到专利权。因此，大家都不得不保留好详细的笔记和他们思考过程的日志，以便于证明他们比别人更早就开始思考设计这个产品了。现在情况不同了，谁先申请谁就可以拿到专利权。但保持井井有条的记录仍然非常重要，以防将来需要以此作为证明。下面就是如何保留发明创新记录的方法。

● 做好详细笔记。我出门时总是随身携带我的移动电话，笔记就记录在手机里——每次发现某种社会需求时，我就用手机记录下来。回到家后再把电话上的记录转到我的笔记本里，然后仔细琢磨可能的解决方案。你知道吗？我已经用完很多很多笔记本了！我给每个笔记本都注好页码，每条记录都写上具体日期。

● 尝试使用直观图表现你的创意。视觉资料对我来说很重要，对你而言可能也一样。我喜欢把心里的想法运用直观图的方式画在纸上，这样看起来既清晰又简洁。使用直观图时不用写出完整的句子，简明扼要的单词和短语就可以了。从纸张的中心开始，写下你的核心想法或问题，然后自中心发散开来，从中心点向外画线，每条线末端写出你的相关思路，对于某些紧密相关的环节可以使用线条连接起来（类似思维导图）。

● **别害怕画草图。**即使你觉得自己不会美术，简单潦草地画上几笔也非常有趣。这样你就会发现你发明的东西如果制造出来大概会是什么样子。想要使画出的线条又直又漂亮的话，使用较为专业的图表纸会对你有很大帮助。

关于创新思考的几条忠告

请记住，虽然你的想法很珍贵，但也不用匆匆忙忙跑去申请完整的专利。你甚至不需要经历所有这些繁琐的环节申请完整的专利权，也不需要自己建立公司。你可以把自己的发明创造授权给某家公司，用这样的方法赚钱。在第 11 章我会教你怎么做。同时，除非你的发明已经得到专利保护（在本书第 12 章，我会教你如何避免自己的想法被他人剽窃），否则一定要记住以下几点。

● **严守你的发明创造秘密。**不要告诉任何人，当然对你来说非常重要的人可以除外。不过最好的选择还是保守秘密。

● **避开那些宣称可以帮助发明者的公司。**许多这样的公司会索要大笔的预付金。虽然有些公司比较安全，但理智的做法还是自己亲历亲为，不要冒险。许多这样的机构纯粹是无耻的骗子，但是由于人们对专利申请普遍缺乏了解，而且大部分人没有时间自己申请专利，所以很多发明家都沦为这些唯利是图的公司欺诈的对象。它们许诺给你一切，但实际上你却竹篮打水一场空。除非你是一个职业律师，对法律术语了如指掌，否则任何打印精美的协议对你而言都是个陷阱。事实就是如此。我刚听说了一个故事：一个著名演员把自己的发明灵感寄给一家公司，但是这家公司却非常无耻地剽窃了他的创意。结果这个演员没有从自己的发明中获取丝毫的好处。在第 14 章，我会告诉你更多诸如此类的公司，它们声称可以帮你申请取得专利权，或能帮你把产品推向市场，但结果往往是让你空欢喜一场。现在你只需记住，即便是声望良好，要价合理的公司仍然会要求你签署一份你不甚满意的协议（假如你可以看透这桩交易的本质的话）。

现在，灵感的神灯正在你的头顶闪烁：太棒了！伟大的创意正在向你走来，优雅而又美丽。但是，在推销你的发明创意之前，你需要通过实践把生米煮成熟饭。所以，打开你的炉灶，让你的梦想变成现实吧！

发明步骤二：
实践，使你的梦想变成现实

> 除非你亲眼见证了某样事物是否有用，否则一切都是纸上谈兵。
>
> ——朱莉亚·查尔德

现在是着手把你的发明创造付诸实践的时候了，这个过程就像"做饭"。本章将传授你把灵感创意变成现实物品的方法——只有走到这一步，你的想法才不至于仅仅停留在想象。否则，世界将遗憾地错过你的优秀发明所带来的好处。另外，实践环节可是充满了乐趣哦！

我把这一章比喻成"做饭"有两个原因。其一，你需要把灵感的原材料加工成真实的产品，就像把食材烹煮成美食一样。其二，要想把灵感创意推向市场，你需要同时处理很多事情，就像准备感恩节的大餐或者准备晚宴派对一样，厨师必须同时料理多个烹饪锅里的食物。但是，你肯定能做到！打开炉灶，想好你即将烹制什么样的美食。向你自己以及整个世界证明，你的创意是有价值的，你发明的产品是实用的。时刻牢记，你才是这里的大厨，一切都在你的掌控之中。

接下来，我将教你如何去做。

明确你的想法

在实践之前，先要把你的想法明晰化。你想让你的产品做什么？它会满足人们的何种需求？它将有什么样的外观？它为什么重要？它会给人们带来什么好处？在进行到重要的下一步之前，你需要对所制作的产品有非常详细的构思——类似于去商店购买食材以前，你需要知道做什么菜一样。

一般来讲，在我跑去咨询专利代理律师之前，我喜欢做一些初步调查，它会让我明白我的灵感创意是否值得一试。这种调查是必要的。如果调查结果表明，你的创意应该继续探索下去，而且你需要专利保护，那么你就可以带上已获取到的信息和知识去拜访你的代理律师，这样会给你节约一些时间和经费。我的专利代理律师告诉我，他喜欢那些事先已经做过初步调查的客户，因为这会有助于他理解发明者的意图以及所发明产品的功能——他的工作也会事半功倍。那些潜在的品牌授权经营商也非常欣赏发明者事先搜集到的数据信息，如果这些数据表明你的创意与他人的大有不同那就更好了。

做好充分的调研

一旦对所发明的产品有了明确而又清晰的想法，有人可能会立即去申请临时专利（详细内容请看第 12 章），因为新的专利申请法鼓励人们这样做。即使最终表明有人已经捷足先登，你也只花费了一百多美元，这么做完全值得。不过在申请临时专利前，预先做一些调研工作对发明者来说会非常有帮助。原因有以下六点。

第一，可以了解同类产品是否已在售以及谁是你的竞争对手。对于初次搞发明的人，可以想象自己是一名消费者，在网上寻找你想要的产品。利用谷歌搜索，输入关键词，然后点击"图像"按钮，你就可以看到搜索到的产品图像概览了。这种调查会让你了解到市场上是否已经出现你所构想的类似产品。以我自己的一个发明为例，我有了"后向儿童安全座椅观察镜"的发明创意之后就开始在网上调查。我键入的搜索关键词有"汽车后视镜""汽车座椅后视镜""婴儿镜""后向儿童安全座椅观察镜"，以及"汽车座椅配件"等。在搜索时，使用任何你能想到的相关词汇及组合。如果搜到了某些产品，那么就仔细研究一下，看看他人已经做过什么。做好详细的笔记，这些笔记将有助于你把自己的产品和他人的产品做比较。例如：产品名称、价位区间、制作材料、产品功能、产品包装（纸盒，带提手的塑料袋，架状标签样式，等等）、产品制造商等。

在做完网上调查之后，去实体商店做同样的调研；占据了商店货架满满当当空间的商品就是非常好的信息源。随时携带笔记本和钢笔，当你发现一件与你设计的产品类似的商品时，像你做网上调查时一样详细在笔记本上作记录，同时检查该商品的专利号。如果没有找到相似商品，你可以在商店中寻找与你发明的产品功能互补的商品，因为你的产品也许会成为某家公司产品线的有效延伸和品类丰富。例如，在我发明后向儿童安全座椅观察镜的时候，市场上并没有类似产品，所以我特别注意了汽车座椅配件及旅游用品，因为我感觉到我的发明应该属于这类商品范畴。在你做调查研究的时候，用手机拍一些照片，以便日后查阅翻看。

第二，使风险最小化。你肯定不愿意侵犯现有的专利，因为如果有人早于你申请了专利，那你就不要再继续推进了，否则就会吃官司。做好调查研究也正是防止你的创意灵感与已经得到专利保护的发明创造雷同。不要怀有"我没有在任何商店里见到过那样的产品，所以我想这个创意应该是没问题的"的侥幸心态，因为并非所有获得专利保护的发明创新都已经被制成商品在售。事实上，大部分都没有。只是因为你没有在商店里见到某种产品并不意味着它没有得到专利保护。

你可以通过网络完成大部分调查。如果你想了解一般专利的情况，可以登录 www.uspto.gov，这是一个了解知识产权保护各方面信息的优质资源。要想搜索与你的灵感创意相似的现有专利，你可以在 www.google.com/patents 上查找，使用起来非常方便：只需输入与你发明的产品相关的几个关键词即可。

一定要仔细看看每一项专利的概况图或实物图像，了解它们是否与你的设计相似。如果确有某些相似部分，继续读一读该项专利的专利权限部分，看看发明者对于自己的专利申请了怎样的专利权保护范围，该项专利是否具备了你的产品所涵盖的全部功能。

即使你真的发现了一项与你的发明十分相似的专利也不用过分沮丧，特别是在还没有同类产品投放市场的时候。那项专利也许看起来很像你的产品，但是一项专利使用不同的措辞就可以带来不同的效果，或是改变一下你的想法，使它足以避开侵犯他人专利之嫌，并确保自己得到一项新的专利。你还可以咨询一下专利律师，征求他们的意见。不过让专利律师代你做调查的花费不菲。

专利律师是做什么的

不要想当然地认为一个普通律师就能够帮你处理专利申请方面的诸多问题。专利律师是专利法律法规方面的专家。只有专利律师和专利代理机构被授予权限可以向美国专利商标局（USPTO）递交专利代理申请。在下一章，我会告诉你如何找到专利代理律师。毕竟我并非律师，我给你的这些建议起码对我来说都特别管用，不过为了确保妥当，你应该找专业的代理律师咨询。

第三，了解公众对发明创意的兴趣。初步调查还可以通过询问潜在顾客的意向大概了解他们对你的创意的想法。不过不要泄露任何具体细节。这个环节只是为了解公众是否对你的发明有兴趣，并收集人们给出的任何评价。切记，朋友和家人并不一定会给你提供足够客观公正、富有价值的意见——而且，他们也可能并非是你的产品的目标群体。那些有价值的反馈意见应予以认真考虑。

如果你想要得到某人的具体建议，那么在你向他透露任何细节之前务必请他签署一份保密协议（NDA）。你可以让在小商店里购物的顾客或销售人员试用你的发明，以获得更多反馈意见（在签署保密协议后进行），或者你还可以在自己的社交媒体上进行在线问卷调查，或者通过电子邮件向别人寄出调查问卷等。时刻牢记，你的创意还没有得到专利保护，所以问卷调查的内容一定要非常概括、笼统。我曾经在自己的网站做过一次问卷调查，内容是关于现有狗狗垃圾清理体系的。我获得了一些非常有用的反馈意见，人们告诉我他们希望产品能给他们带来怎样的好处，以及他们想要看到产品得到怎样的改善。

对于问题"目前的狗狗垃圾袋在哪些方面最困扰你?",42%的人认为是携带装满粪便的袋子,27%的人说是很难打开,18%的人认为是打结捆绑问题,10%的人认为是渗漏问题,还有3%的人说是在家里储存垃圾袋的问题。这些反馈信息表明,我的发明比目前市场上的其他任何产品都更有效——而且没有泄露一丝一毫有关我的发明的细节信息。

关于保密协议

它是一份法律文书,叫做保密协议。签署文书的双方声明他们对所有获得的信息都会严格保密。在你和其他人签署了这份协议之后,双方各得到一份原始材料的副本。在本书第12章,你会了解到更多这方面的信息。

第四,着手考虑产品价格。在你看到竞争对手的产品价格区间后,你可以开始思考自己的 MSRP(指制造商建议零售价)。通常我会首先确定产品价格,然后考虑如何制造出成本与利润都比较合理的产品。如果市场上还未出现相似产品,你可以根据制作材料估算出你的产品的建议零售价;如果已有类似商品在售,研究一下它们的定价区间,把你的定价控制在这个区间之内会是一个不错的选择。

第五,找到潜在的授权经营商。你在市场上发现的任何与你的发明相似的或者是配套的产品都是值得重视的资源,因为不管是商店里的实物还是网络上的照片,你都可以看到印制在产品包装上的制造商。这就是你能免费获得的潜在授权经营商信息。有一些网站也可以给你提供类似的名单,但它们会收费,而且很多网站提供的名单已经过时,一些早已破产或歇业的公司还赫然在列。通过亲自调查,你就可以得到现在市面上的一手信息，确保信息的时效性和真实性。记得用手机拍下那些产品包装的照片，这样就可以把搜集到的潜在授权经营商的名单整理打印出来。

关于授权经营商

授权经营商就是一家同意生产、销售你发明的产品，并以特许使用权费形式支付给你报酬的公司。换句话说，授权经营商替你做了所有的工作：生产、销售、运输、责任承担等——然后再给你金钱作为使用你专利的回报。对于发明者来说，这是最完美的方式，因为这样可以避免申请专利和自己投资生产的风险。

第六，为产品介绍搜集重要细节。你已经知道了同类产品竞争的实际情况，那么，你的发明能给人们提供哪些其他产品所无法提供的好处？它是不是更便捷、更简单、更漂亮、更实用呢？它拥有更多功能吗？或者，它是全新的、独创的发明吗？当你学会如何撰写产品介绍以后，你就可以把所有这些优点浓缩至一句对顾客和授权经营商具有神奇魔力的宣传语。

如果你的调查研究表明有人已经取得了你想申请的发明专利，并已投放市场销售，而且你没有办法做得更好，先不要失望，看开一些，不妨把你的调查研究看成是一件避免你白白浪费时间和金钱的好事。之后，立即转向你的下一个发明创新。需要恢复精力、激发创造灵感的话，你可以返回前面重读本书第4章的内容。

如果你的调查研究表明某一项专利与你的发明创新相似，但市场上还没有产品在售，那么在你的产品与之差异足够大的情况下，你就可以把你发明的产品提前投放市场。你还可以考虑购买现有专利或者为规避专利侵权而进行差异化设计。这时候，你就值得聘请专利代理律师给你指导，他们能识别你的产品是否构成专利侵权行为。有关专利侵权方面的问题我都会向专利代理律师咨询，听取他的意见。但是，能否进行市场销售是另外一个完全不同的问题。曾经我的专利代理律师根据自己的调查研究建议我放弃。他觉得已知数据表明我申请该产品的专利不会有什么结果，不愿浪费我的金钱。对此我非常感激，但我并没有听他的话，而是继续进行该项目。因为我认为尽管数据对我不利，但是我发明的产品一定有很大的市场。结果我不但获得了专利，而且该产品在市场上销售很好。

关于产品介绍

它是对某一产品长约一页纸的描述，用以吸引授权经营商、消费者或者贸易展览会出席者，使他们对你的产品感兴趣。在本章后面我会教你如何撰写产品介绍。

如果你经过调研没有发现与你的发明相似的专利，也没有相似的产品在售，那么，祝贺你！一款全新的产品即将问世。

制作产品原型

制作产品原型的过程其实真的跟我们在孩提时代做手工没有多大区别。还记得小时候我们用脏兮兮的小手随便找些东西制作成的玩具吗？

一条细绳加锡罐做出来的"电话"，梳子与包装纸做成的卡祖笛，草叶做成的口哨，以及用圆珠笔或吸管做的纸团发射器——这些玩具多得难以计数。

我建议把你的发明制作成产品原型，因为这个过程非常有启发性，但也并非必须这么做。

什么时候无需制作产品原型

如果你发明的产品过于昂贵或者复杂，那你可以用专业的插图或合成照片来代替。即便如此，如果你正在寻求资助的话，你的投资人可能还是会要求你提供一件产品原型。

我对原型制作过程非常喜欢，我制成的原型的最终形式往往就是实际产品的样子。

产品原型为什么有用？理由如下。

➢ **一件好的产品原型会证明你的发明创造是有实用价值的。**例如，为了检测我发明的后向儿童安全座椅观察镜固定装置的牢固程度，我把它装在我的摇椅上，然后剧烈地前后摇晃以确保它不会掉下来。它的确很结实，没有掉下来（我知道我的授权经营商会进行碰撞试验，那是我没法办到的，但我这种做法也是一个不错的检测）。另外，把你制作的原型带给你的专利代理律师，向他展示一下它是如何工作的，这样也是很有必要的。

➢ **产品原型能帮助你解决问题。**我的婴儿背带玩具帽边原型就像婴儿围涎一样系在帽沿周围，上面附有出牙嚼器和其他一些小的填充玩具。其中一个玩具里内置了一个拨浪鼓，在我背着孩子测试的时候，那个拨浪鼓就在我的耳边咚咚地响，几乎要把我逼疯了！我果断地取出了它。你发明的产品也应该自己亲身体验一下。

➢ **产品原型可以帮你完善发明**。在给后向儿童安全座椅观察镜所使用的胶带进行耐热测试时，我先在热烘烘的汽车里做实验，再把它放在我的烤炉里实验，之后又把它放进冰箱里检测，看看在极端寒冷的情况下是否会脱落。由此所获得的数据非常有价值，类似于大公司测试产品的流程。后来因为我想减少生产成本，所以摒弃了胶带，改用铆钉。最后，在撰写产品介绍的时候，你可以聘请一位专业的美术人士为你的产品画一张图以便日后宣传更加直观和便捷。

如何制作产品原型

首先，你可以看看我在 YouTube 上的视频，该视频会向你展示我制造后向儿童安全座椅观察镜产品原型的全过程（登录我的网址 www.patricianolanbrown.com，点击 "YouTube" 图标，免费订阅我的频道）。开始时，你可以用硬纸板和胶带制作一件简易的模型，这样你就会对产品的形状和大小有了直观的看法。然后继续改进、调整、完善，直至把它制成你满意的样子。在制作后向儿童安全座椅观察镜的原型时，我用过储物柜上的镜子、自行车上的镜子以及汽车上的镜子。在寻找制作所需的材料时，你可以在家居连锁店、五金工具店或者网店去寻找想要的一切。

对于想要制作原型的产品开发者来说，3D 打印机是一个巨大的突破。其价格日渐降低，很快就会成为大众家里的普通用品。它可以被用来制作各种各样的塑料部件（例如一些家用电器的替换零件）。如果有合适的工匠或手工制作工作室的话，也可以请他们来帮你完成制作。

在制作第一件降落伞狗狗垃圾袋产品原型时，我使用了咖啡杯隔热套。然后开始尝试使用芯片夹用作底部夹子，托住用过的垃圾袋。但我很快意识到，这种夹子太不牢靠，我需要更结实的底部夹子。接着我发现我在某一次活动中使用过的徽章夹很结实。于是我使用普通搜索查找了一下，得到一些原材料，太棒了：夹子的结实程度刚好符合我的需要。这些夹子上有洞，我就把它作为连接尼龙袋的接合点——我在商店里闲逛时找到了最合适的尼龙袋，还发现了一种相机袋，用来装没有使用过的尼龙袋尺寸刚刚好。我先买了一些，然后又联系了生产商，以非常便宜的价格又购买了很多。

一件漂亮的原型做好后，还可以制作产品包装。这是我特别喜欢的过程。在你着手设计之前，回顾一下在商店调查阶段你所搜集整理的那些资料，回想一下哪种包装最受人们欢迎。不过如果你打算让授权经营商来运作你的产品的话，他们肯定会使用自己设计的包装，所以你就不必在这个阶段浪费过多的时间、精力以及金钱了。如果你计划自己拓展市场，那么包装设计非常重要。

警示语

如果你有小孩，千万别把可能带来危害的东西放在家里。我曾经制做过一种纯天然的除臭剂样品，用塑料包好放在了冰箱里。第二天早上我去拿的时候却发现，冰箱前的地板上撒了一些除臭剂的碎屑。原来，我的一个孩子误把这包除臭剂样品当作菲达奶酪吃了一些！谢天谢地，这包除臭剂样品只含有椰子油和发酵粉，所以有惊无险，没有造成什么伤害。

你可以找一个印刷公司，让它以你提供的尺寸图为基础制作一个包装模型，或者你也可以请印刷公司根据你的产品原型设计包装。只要你在该公司印刷包装，他们一般会很乐意帮忙设计。但是，最方便快捷的方式就是找到一些拥有跟你的原型非常合适的包装的现有商品，然后不管这种包装里面装的是什么，买回来就行了。例如，我发现一种玩具狗的包装很好，于是买回来六个。还有一次，我注意到一种跳绳的包装尺寸与我的另一个发明刚好匹配，所以我就买回来一捆。我把这些玩具狗和跳绳当作礼物送给了别人，然后把它们的包装留下来，用作我的原型包装，再给外壳粘贴上由艺术家设计、印制好的封皮。最终的包装完整的原型看起来既专业又美观。

完成原型制作后干什么

你可以把产品原型带给你的专利代理律师和制造商看——但是，在未被请求或未受保护的情况下，你绝不应该把原型寄给他人。你很快就会发现该如何使用原型推销自己的发明创新了，但现在我要告诉你两种方法来提高你的自信心。

➤ 选择一家你希望能够销售你的产品的商店。带上你的产品原型摆在货架上，然后拍一张照片。把这张照片放进你的勇气杯中。

➤ 把你的产品原型放在合适的位置，以便于早晨醒来第一眼和晚上睡觉前最后一眼都能看得见。我把我的产品原型通常都放在卧室的一个陈列架上。当你醒来看到产品原型的时候，或许会有灵感闪现，使你获得新的启发，完善、美化你的产品。

> 我把我的产品原型全都作为纪念品保留着，它们提醒我从灵光一现到做成一件完整的产品，中间经历了多么艰难的创作之路。

> 现在，你已经完成了前期调查研究和产品原型制作，准备好进入与授权经营商、采购员以及顾客接触洽谈的阶段了。本章接下来的部分就会向你解释该如何去做。

撰写产品介绍

产品介绍一般都简单、短小而时髦。这种单页文书的目的在于吸引人们的眼球，使人们喜欢你的发明——并且想要拥有它。一份产品介绍包括精练的利益声明，图示和照片，演示视频（对于电子版产品介绍而言），产品功能列表，以及你的联系方式——不要在介绍当中加入过多细节描述，以防有人剽窃你的创意。

这种最简单的产品介绍是针对潜在授权经营商而撰写的。如果你想使用产品介绍吸引商店采购员或贸易展览会上的参观者，那么你就需要添加更多信息。在本书第 13 章你会看到，要扩充产品介绍都需要添加哪些内容。

以下所列的基本要点会帮助你撰写出一份激发读者兴趣的产品介绍。

● **给产品命名。**产品的名称可以是描述性的，也可以是俏皮有趣的。最重要的是，你的产品的名称不能跟任何人的商标名称雷同。所以，你需要仔细核查，确保这个名称只有你在使用。假如你的产品被某个授权经营商相中，它可能最终会有一个完全不同的名字，这也没什么大不了的，毕竟你需要从这里起步。

核查名称是否为已注册的商标名称

在你进行后续工作之前，最明智的做法就是首先确保你的网址的域名是可用的。如果你想自己做调查，登录 www.uspto.gov，先点击"商标"，再点击"商标搜索"，然后点击"基本字标搜索"，最后键入你想使用的名称，开始搜索。搜索结果会告诉你那个名称是否已经被占用。如果结果是尚未启用，你就可以使用它。如果已经在用，而且所注商品与你的发明属于同类产品，那你就不能使用它，立即更换你的产品名称。例如，如果我发明了一款洗发水，想取名为"Pizzazz"，但是已经有一种早餐谷物食品叫做"Pizzazz"了，那也没关系——它们不属于同一商品类别，可以使用同样的名称。但假如有一款发胶叫做"Pizzazz"，那我的洗发水就不能使用这个名称。然而，最好避免使用人们耳熟能详的或者特别有名的名称，因为即使它们分属不同领域，某些大公司也有财力保护其商标名称不被其他人用在别的领域。最安全的途径可能就是通过代理律师进行专业搜索了，通常大约会花费 500 美元。专业搜索可以使你从多方面得到保护，这些都是其他人无从知晓或无法接触到的。

你创建网站时会得到一个免费域名，但你可能想要一个听起来更大众化一点的名称。而且，你可能会发明其他产品，或许希望选择一个可以涵盖整个网站的域名，而它与你的产品名称并不一致（例如，我有一个网站 patricianolanbrown.com，这个网站涵盖了我发明的许多产品）。但在目前这个阶段，当我为自己的产品选择好名称后，我会马上给它购买一个为期一年的特定域名，或者把购买期限缩至最短。域名很便宜，而且是你专属的。如果你想要的域名已经有人使用了，赶快更换你的产品名称。通常我也会为我的产品名称注册商标，这样我就能把注册商标同时授权给经营商。为产品名称注册商标和获取域名可能会给你赢得授权经营商青睐增加筹码，不仅如此，如果你决定自己推销产品的话，它们也会使你具备创建公司的条件（想要对如何为产品名称注册商标了解得更多，请看本书第 12 章）。一旦拥有了注册商标，在你的 Twitter 账户，Facebook 页面，以及任何其他社交媒体平台上都使用这个名称，以便于推广。这里有一个很有趣的关于产品名称的故事：你知道 NERF 海绵玩具吗？ NERF 实际上指的是 "Non-Expanding Recreational Foam"（非发涨海绵）。对于任何人来说，这个名称都太长了。你能想象人们走进商店说："你好，请问你能告诉我哪里能找到非发涨海绵牌网球拍吗？"不，绝对不可能！ "NERF"则是一个非常完美的解决方案。

检查域名是否可用

所有域名网址都关联在一起，因此你可以登录 www.godaddy.com 或者 www.networksolutions.com，在搜索栏里键入你想使用的域名。如果已经被人使用，改换你的产品名称然后再试。想要了解更多有关域名方面的内容，请看本书第 16 章。

● **确定产品介绍的风格。**产品介绍必须能立即抓住读者的注意力，其风格应该完美地反映你的产品。举个例子，如果你发明的是一款儿童玩具，那么你的产品介绍应该选取五颜六色的彩纸，绘制卡通形象图案，并选用活泼可爱的印刷字体。如果是一种新型工具或者厨房设备，产品介绍就可以直截了当一些。我原来学习过艺术设计，因此对产品介绍的设计有一定基础。但是对于其他发明者来说，聘请专业艺术设计人员显然更为明智。我建议发明者跟艺术设计人员合作，并着手培养稳定的合作关系。因为随着你和你的产业的发展，你需要设计很多东西：商标、图案、贸易展览广告标牌、名片等。在设计人员工作前一定要跟他签署法律协议，确保他所设计的东西版权归你——产品发明者所有，以避免日后对于产品的所有权引起争议或者引起合作发明纠纷问题。你可以通过网络雇用未曾谋面的艺术设计人员，但是如果能与由可信的熟人引荐的艺术设计人员合作会更好。如果可能的话，一个有良好合作关系的艺术设计人员说不定就会是将来你公司的一员。

如果你认为聘用专业艺术设计人员的费用高昂，也可以去当地的专业学院、职业学校求助，雇用一些新手——给初学者一个机会。

● **精心制作利益声明。** 紧扣你在前期调查阶段所记录下来的材料，它们说明了你的产品是什么，哪些功能使它优于竞争对手。然后把所有这些优点浓缩成一句简短有力、让人心动的宣传语。这就是你发明的产品的利益声明。以下这几个利益声明示例都来自我的一些产品：

婴儿背带玩具帽边——可用于任何帽子，既能保护你的头发和珠宝，又能让背带里的孩子玩得开心。

背带安全观察镜——让你一眼看清背带里的孩子。

降落伞狗狗垃圾袋——一种环境友好型的宠物垃圾清理装备，使用方便，干净卫生。

写好你的产品利益声明后，拍拍自己的肩背，把它们投进你的勇气碗里。

● **添加视觉资料。** 在产品介绍中加入使用该产品的图画形象非常重要，所以你可以使用你选定的艺术设计人员所设计的专业图画，也可以使用一张电脑合成图像。如果你已经制作好一件漂亮的产品原型，可以将成品拍下来，或者将原型的整个制作过程录下来将视频发到社交媒体上。使用视频资料绝对是网上推销产品的一条捷径，就好像制作了你自己的商业广告，生动地展现了产品的功能。

● **加入产品功能列表。** 如果你想在产品介绍当中加入更多产品的优点，产品功能列表是一个简单而又易于吸引人们眼球的办法。记住，一定要简短，产品功能列表必须在几秒钟内引起读者的兴趣，解释清楚产品的作用。其诀窍就是，使人们无需了解过多产品细节就有购买它的欲望。

● **添加联系信息。** 在产品介绍的最后别忘了加上你的所有联系方式。还有注册商标、专利（或者专利申请中）等方面的信息，附上你的个人网站信息以及一两个主要社交媒体的地址。

现在，你有了潜在授权经营商的名单，或者你已经准备好自己生产销售产品了。而且你已制作好了产品原型和产品介绍。那么，在你和潜在授权经营商或者采购员取得联系之前，下一步非常关键：保护你的发明创意！

发明步骤三：
保护，让盗贼远离你的发明

> 保护你的最好的避雷针就是你自己的脊梁。
>
> ——拉尔夫·瓦尔多·爱默生

我们生活在一个疯狂的文化背景下，它在恐惧中繁荣，并警示我们：人人都可能会骗走我们的想法。可是提起发明创新，这种多疑实际上是一种健康的表现。时至今日，你已经在发明创新方面投入了大量的心血、汗水乃至泪水。因此，你需要稳步前进，保护好你的发明——以及你自己。有些卑鄙小人可能会欺诈，向发明者吹嘘自己能帮忙申请到专利。发明者把成千上万美元花在了这些骗子身上，结果有些人血本无归；而且，即便是你真的从与他们的交易中得到了专利，也很可能不是性价比最高的专利。更重要的是事情的整个过程会让你的付出远远大于其本身所应有的代价。

这也正是我写作本书的重要原因之一：凭我个人多年的经验，教给你最简单、最节约的办法来保护你的创新发明的安全。要想得到充分保护，你甚至不必非得获得一个完整的专利（这只是最昂贵的一种选择而已）。

首先，你可以登录 www.uspto.gov，这是一个发明家在线资源库，点击首页顶部的发明家标签，在每一个目录下你都可以查找到大量信息。在这里你能找到不同种类的专利。这个网站看起来非常复杂——的确如此——但也不必被它吓倒，因为建立网站的目的就是为了帮助你。你要知道，国家积极鼓励和支持个人进行发明创造；个人发明者和大型公司享有同等地位。而个人发明者申请专利所需支付的费用远远低于大型公司。

有关专利申请和保护的信息铺天盖地，鱼龙混杂，让人难辨真伪。因此，本章就要帮你把如此庞杂的信息梳理清晰，变成可供发明者们理解并使用的资料。本章讲述保护你的发明创新的一些基本要素，我们将由简入繁，逐渐延伸到最复杂的环节。

关于保密协议

保密协议（Non-Disclousure Agreement，简称 NDA）一般都是一份两页纸的由双方认可的法律文书，用来保护发明者的创意和商业机密。在你与他人分享你的发明创造之前，签订保密协议十分必要且非常重要，特别是在你还没有申请到临时专利或完整专利的时候。即便你已经有了上述某一种专利，签署保密协议仍然是一个保护你发明成果的非常好的办法。一般保密协议会一式两份，双方签名后各自保留一份。保密协议通常会设定一个为期几年的时间限制；没有人期望保密协议永远有效。

● **为什么需要保密协议？** 你把创意分享给他人后，如果有人心怀不诡打算剽窃你的发明思路或成果，签订保密协议就会让他们有所忌惮。保密协议同时保护发明者及与其分享发明思路的公司；如果该公司正在开发一款相似的产品，那么保密协议就会保护该公司免遭发明者指控他们窃取了自己的发明。所以，你会发现保密协议对于保护双方利益都非常有价值。

● **如何得到保密协议？** 大部分你能呈送发明思路的公司一般都有自己的保密协议供双方签署（这也表明他们对于吸纳外部创新发明是持开放态度的）。在签署协议前务必仔细研读。如果你有任何疑问或看到任何可疑之处，应立即联系该公司请求解释。

如果你需要自己的保密协议，可以付费请律师代劳，或者你也可以像我一样在网上下载协议的模板，这样就不需要支付律师费用了。一定要保证你在网上选定的保密协议模板包括有"机密"字样。你需要在协议中填好你与之分享发明成果的公司或个人的名字，以及你所在的地区全称，因为你的保密协议需要得到所在地法律的认可与保护。

那些计划把发明授权给经营商的发明者也应该注意：给自己的产品命名，注册商标以及（或者）商标广告语，至少申请临时专利等加以保护。而不是觉得有了授权经营商就万事大吉，可以高枕无忧了。申请到临时专利会让你的产品得到一个"第一专利申请"日期以及"专利申请中"的状态。这意味着你将有一年的时间可以进一步完善、测试你的产品，你的知识产权有希望赚到大笔的金钱，能给自己在谈判桌上赢得更大的筹码，给潜在授权经营商带来更多有利条件，从而有希望达成一笔更好的交易。

关于商标

商标（TM）是向人们宣示你对产品名称的所有权，确保他人无权在相似产品上使用这个名称。商标也可以被用来保护你为产品设计的标识及相应的宣传广告语。例如，除了对我发明的后向儿童安全座椅观察镜的名称注册商标以外，我还注册了它的宣传广告语——"好像你的后脑勺上也长出了眼睛。"

● **为什么需要商标？** 商标预防他人窃取你选择的产品名称、标识或宣传广告语。如果你已经做过调研（关于调研的内容可以回看第 11 章），确信没有人拥有或使用你想使用的名称，你就可以尽快为其注册商标。

● **如何注册商标以及支付多少费用？** 你可以聘请代理律师帮你做调查和预算来注册商标（你要有心理准备，这部分可能会开销不菲）。下面我们就一步一步来看看该如何做。

➢ 因为你要通过 www.uspto.gov 申请注册商标，所以第一步就是登录该网站，简单调查一下。

➢ 在 uspto.gov 网站做过调查，或者付费进行了专业调查，确保你的产品名称、使用的词汇、宣传广告语、或者标识都是可以使用的（详细内容参见第 11 章）。如果你还没有做过调查，现在就做！

➢ 在 uspto.gov 网站的商标标签下，点击"注册商标流程"。它会一步一步告诉你该做些什么，注册指南还会提供一些非常实用的视频演示，详细地解释了申请表上的所有术语（像"产品和服务"或者"基础申请"）。

➢ 仍然在 uspto.gov 网站，通过查找在线申请指南找出你的发明所属的产品类别。或者查找你在商店里看到的相似商品的注册商标（例如，如果你发明了一款更好的牙刷，那你就看看其他牙刷的名称），找出它们所登记的产品类别。

> ➤ 一切准备妥当后，在注册商标标签下点击"在线申请"，然后点击"首次申请表"。

> ➤ 认真看完申请表，记录下你需要记住的东西和不清楚的问题。然后给发明家协助中心拨打免费电话提出你的问题，请他们帮你解答。在他们的协助下填完表格。

> ➤ 如果填错了也没什么大不了：在你付费之前，任何时候都可以删除这张表格，然后重新填写。

> ➤ 申请表上一切填写无误之后，你就可以提交了。然后支付申请费用。

完成整个申请过程之后，你会收到一张确认单。然后你就可以在你的产品名称后使用注册商标符号（™）了。你注册的商标名称随后会经过一整套审核流程，可能会被要求解释其中的某些事情。收到信函后你要认真研读，需要任何解释可以直接联系审核人员。从最初申请到最终批复的等待时间是无法确定的。但在得到批复之后，你的产品名称就变成了注册商标（®）。之后你会收到官方批复的邮件，一切就大功告成了。这是多么让人高兴的时刻！

在撰写本书时，每一种类别产品申请注册商标的起始费用都是275美元，在第五到第六年，以及第九到第十年间会收取维护费。

通过代理律师注册商标

这种方式的收费标准各不相同，我会给大家提供一个大体的范围。最近我问过我的专利代理律师，他告诉我仅律师代理进行专业调查一项就需要支付至少500美元的费用，大约需要1~2周时间。在专业调查基础上进行商标注册申请，每一类产品或服务需要支付 1 450 美元！如果你还有其他的注册类别，每一种类别都需要支付额外费用。如果有产品延伸或者需要其他形式、领域的申请，还得再加费用。这个过程大约需要30 天时间。所以，你不得不支付 2 000 多美元，等待大约一个半月时间，你的代理律师才会完成申请注册商标的全过程——这也正是我为什么自己申请注册商标的原因所在。

在商标成功注册后，专利代理律师还会给你提供专业的咨询，帮你省去很多麻烦。几年前，我发现一家婴儿服装公司在使用我的注册商标。因为其产品与我的婴儿背带玩具帽边属于同一类别商品，我知道我有权利说，"嘿，这是我的注册商标！"但我不想挑起一场耗费时间和金钱的法律诉讼，于是我向律师咨询。他告诉我只要让该公司知道我拥有这个名称的注册商标，希望他们停止使用该商标就可以了。法律上称之为"停止并终止"通知函。我于是打印了一份简单的信函，寄给这家公司。太好了，该公司的确停止了使用我的商标——而我只花费了一张邮票！

这件事可以作为一个很好的警示：这家婴儿服装公司也许没有进行我在本书第 11 章推荐的调研，其结果就是它不得不改变所有的印刷品、服装标签、产品包装等一切东西。由此可见前期调查的重要性。

聘请专利代理律师

给产品命名、撰写宣传广告语或者申请产品标识注册商标，这些你都可以自己独立完成，也可以自己下载保密协议——我就是这么做的。但在随后的专利申请阶段，我建议你最好请专业的专利代理律师提供帮助和服务。因为你将面临的事可以说离开一个懂相关法律的专业人士的帮助将寸步难行。

● **怎样才算是专利代理律师？**并非每一个律师都能当专利代理律师。坦率地说，专利法相当复杂。要完全读懂它，即使是专利法专家也得下很大功夫。因此，在你着手寻找法律援助的时候，应该找那些以专利法为专长的，经注册专门代理专利申请的律师。不仅如此，专利代理律师在执业前还必须通过专业律师考试，并且必须拥有除了法律学位之外的其他学位，诸如工程技术、物理学、或者其他类似的专业等。只有这样，他们才会明白其他事物到底是如何工作的。

专利代理人的定义是什么？它与专利代理律师有什么不同

专利代理人不是律师，经常仅指那些有资格做专利申请的前期调查和代理填写专利申请的人。他们之间最大的差异在于，专利代理人不能做任何可以诠释为"法律实践"的事情（因为他们不是律师），意思就是，专利代理人不能在法庭上提起专利权法律诉讼，也不能起草专利许可合同。

从经济利益方面出发，我更愿意聘请一位专利代理律师，因为他们拥有丰富的专业技能和更宽广的活动范围。

● **为什么需要专利代理律师？**法律术语，特别是专利法中所使用的术语是非常复杂、晦涩难懂的语言。普通人是很难理解透彻的，一知半解就行事，可能会带来惨重的代价。这些事情如此复杂，门外汉简直无从理解，我们不得不雇请他们。一个好的专利代理律师必须知识渊博，对事物的工作原理了如指掌，而且还需要知道保护你的发明的最佳途径。

他们将成为你最好的盟友，给你提供最佳建议，给你帮助和支持，而且在出现问题的时候帮你排忧解难。

● **如何找到合适的人选？** 在过去人们还使用电话本的年代，寻找专利代理律师靠的是当地黄页，我就是这样找到我的代理律师的。现在你可以通过网上搜索，或依靠最值得信赖的广告方式——人们的口碑来寻找合适的专利代理律师。如果你信任的人认识一个好的专利代理律师，那么你就去找他。如果通过网络找的话，你可以仔细搜索网站，寻找那些可能会成为你的代理律师的人所写的文章，或者是他人写的关于他们的文章，看看他们对自己或别人对他们的评价如何。

● **选择的标准是什么？** 除了在你的发明领域有知识、有能力之外，需要重点考虑的就是，你是否感到和你的代理律师一起工作非常融洽和谐。你要相信他/她能听从你的意见，非常尊敬、在意你所说的话，虽然偶尔会与你意见不和，但那也是为了把你拉回正确的轨道。询问别人的意见作参考当然没错，但是你一定要相信自己的直觉：如果你跟你的专利代理律师合作不愉快，不管他的专业技能有多么强，合作关系都不会很融洽。

● **酬劳问题。** 如果你的代理律师愿意接受定期增加报酬的方式而不是一次性支付大笔费用的话自然最好。而且，最好能找到一个没有巨大开销的律师（解释一下：比如律师拥有非常宽敞的办公室，在办公室就可以看见非常漂亮的城市景观），这样的话，你就不用每打一次电话都要付费（除非你是那种一天打两三次电话的发明者）。在你与专利代理律师会面时，一定要问问他是否初期阶段的咨询是免费的。他们是按小时收费的，如果有免费咨询，那省下来的费用也是相当可观的。

● **时间问题**。律师能在一两天内回答你提出来的问题是最理想的。不过有些律师可能要让你给他发电子邮件，那多久能得到解答可就说不准了。时间对于一个发明者来说还是很宝贵的。

通过层层筛选，缩小可选专利代理律师的范围，再在你的老朋友 uspto.gov 网上查询一下，看看这些可能的选择对象是否都已登记注册，是否有承担专利代理业务的资质。具体网址是：http://oedci.uspto.gov/OEDCI。在这个网站上的名单中出现的律师都具备必要的法律、科学以及技术等方面的资格，而且享有良好的口碑。换句话说，uspto.gov 已经替你预先做好了专利代理律师的质量把控工作。

专利的不同类型

大部分发明者只需申请发明专利这一种专利类型，但是实际上美国专利及商标局（USPTO）可以颁发三种不同类型的专利。每一种专利都是对一种不同类型的发明创新提供的知识产权保护。

1. **发明专利**。新颖实用的程序、机械、产品、组成部分或对上述各项发明的任何新的且有实际用途的改善。

2. **外观设计专利**。产品最新的、原创的、装饰性的外观设计。

3. **植物专利**。经过无性繁殖的具有特殊性与创新性的植物新品种。

要想获取更多综合性的定义及信息，你可以查看 www.uspto.gov。

"第一申请人" 原则及其对发明者的意义

　　以前，发明者必须要向美国专利及商标局证明他们是第一个得到某种创新发明想法的人，这就意味着申请人必须保留复杂的记录以及细致缜密的文档。但是现在强调的重点（以及法律）都已经改变了。现在的原则是，谁先申请谁就能得到专利权。换句话说，即使你能证明你发明了一个很棒的产品，但先于你提出专利申请的竞争对手仍然能够得到这项专利。这就是为什么你需要尽快申请临时专利的原因所在。一般是在你做完调查研究，证明你的产品或创新灵感还没有被人申请专利，而且它具有市场推广价值的时候，你就可以立即申请（有些人选择在做调查研究前申请临时专利保护。这种做法风险很大，但是它却能保证发明者抢占最早的专利申请日期）。

临时性专利

　　什么是临时性专利（PPA）？临时性专利使你拥有某一产品的最早申请日期和"专利申请中"的状态，你可以将这些信息写入你发明的产品的所有材料。与完全专利（正确的术语应该是"非临时性专利"）申请程序相比，临时性专利申请费用低，速度快，可以使你的发明尽早得到保护。但是，临时性专利不会自动转化为经官方颁发的非临时性专利；你需要在得到临时性专利保护的一年期限内申请非临时性专利。

警示语

本章所包含的所有信息仅适用于美国商标和专利申请。我从不担心非居民专利申请，因为律师告诉我这要花很大一笔费用——而且我确保我的授权协议涵盖了所有国家的特许权使用费。不管怎样，美国是一个足够大的市场。但是如果你对国外的法律心存疑虑，你可以向你的专利代理律师咨询。

为什么需要临时性专利？ 在我开始搞发明的时候，还不存在临时性专利，因此发明家别无选择，只能申请非临时性专利。现在我非常喜欢申请临时性专利。新的"第一申请人"原则意味着你必须第一个将你的申请书呈送到专利局——如果等你把所有申请完整专利冗长复杂的资料都准备齐全了再申请，很可能别人已经捷足先登了。而且，大部分投资人和授权经营商都偏爱那些已经得到专利保护的产品。实际上，许多授权经营商和产品提交公司只会考虑受保护的发明创新，因此，临时性专利可以使你的产品享有更多受青睐的机会，同时也可以避开不少潜在的激烈竞争。换句话说，发明者无需支付太多费用就能得到很多完全专利的好处，而且临时性专利的申请更加灵活。

一旦你申请了临时性专利，从技术上来讲，你能有一年的时间申请完全专利。这个一年的期限是从你递交临时性专利申请的时候开始算起的。需要注意的是，你的专利代理律师可能要花费五个月的时间准备申请非临时性专利的文件。因此，你可能需要七个月左右的时间才能正式提交申请。这就意味着在你申请临时性专利前做好调查研究工作非常重要。在这七个月的窗口期，你可以对你的产品进行进一步的测试、修改和完善，并且尽力找到心宜的授权经营商。如果你对产品进行了重大改动，还可以申请一项新的临时性专利。甚至可以把这两项临时性专利结合，并以此为基础申请非临时性专利。不过如果你已经提交了非临时性专利申请，要想改动你的产品的话，就得额外付费，并多一些手续流程。

如何申请临时性专利，需要花费多少钱？ 你可以自己通过 uspto.gov 申请临时性专利，只需支付 100 多美元的申请费。但我还是强烈推荐你聘请一位专利代理律师与你合作，以免因为任何因经验不足导致失误付出不必要的代价。临时性专利申请必须清楚地描述该项发明，附有插图，而且必须能为将来的非临时性专利申请提供支持。通过专利代理律师申请临时性专利的费用大约是 2 000 美元左右，价格不算便宜，但花费是值得的。

如果你计划寻找一个授权经营商，而恰巧对方也愿意经营受临时性专利保护的产品，或者你想先检验一下市场对你发明的产品的欢迎程度，抑或你只想抢占最早的专利申请日期，那么申请临时性专利就是非常明智的选择。

完全 / 非临时性专利

什么是非临时性专利？这是你能获得的对你发明的最高形式的保护。法律术语描述为"排除任何人生产、使用、许诺销售、售卖、或者进口"你的发明专利。换句话说，它向任何企图剽窃你的发明专利的人说"不"。

多数发明家都会申请发明专利，它授予"任何发明或发现新颖的、有实用价值的程序、机械、产品、组成部分或对上述各项发明有任何最新的且有使用价值的改善的人。"

为什么需要非临时性专利？ 拥有长期的专利保护是每个发明者所渴望的。别忘了，临时性专利只有一年的保护期，到时如果还没申请到非临时性专利的话，那你就被动了。要是被其他人抢先得到专利保护，那你的发明可就变成别人的"盘中餐"了。

至于申请非临时性专利的花费，如果你已经找到了心宜的授权经营商，可以尝试让他们帮你支付。这是可行的。

完全/非临时性专利的申请程序

即便有专利代理律师帮忙，要想获得完全专利也绝非一朝一夕就能办成的事情。首先，你的专利代理律师要进行详细的专利调查，原因有两个：首先，律师要确认你的发明没有侵犯别人的专利权；其次，律师要确保你的发明创新是可以申请专利的——也就是说，你的发明是全新的，与众不同的——是你自己独创的。你需要把你发明的产品草图、产品介绍（包括你制作好的产品原型或者展示你的产品的工作原理和方法的演示视频），以及专利调查的费用交给专利代理律师。专利调查收费多少因人而异，其持续时间约为3~6周。之后，律师会与你面谈，告诉你调查结果，以及你的产品获得专利批准的可能性和你的发明是否侵权。这种调查经常会发现有些专利产品与你的发明相似度很高，律师可能会建议你放弃（这样的情况就曾发生在我身上，你可能还记得在第8章里我讲给大家的故事，最终我还是得到了专利）。然而在有些情况下，放弃申请是最好的选择，你可以减少不必要的损失，然后开始考虑新的发明创造是更加明智的选择。不过你付给专利代理律师做调查的钱是不能返还的。

经过彻底仔细的调查后，如果你决定继续的话，你和你的律师就要准备专利申请的各种文件了。这一阶段可能会持续 1~3 个月时间。你支付给律师的费用取决于产品的复杂程度，最低大约 5 000 美元。在你开始这个步骤的时候，律师通常希望你支付一半的费用。

专利申请提交之后，你就可以在所有资料当中使用"专利申请中"的字样——对于那些试图窃取你创新发明的人来说，这是一个有效的威慑。然后专利局会开始审查你的申请。在随后的 2~5 年时间里，专利局会"对话"你的专利代理律师，评估你的发明获得专利的可能性。通常的说法是，专利局所做的最初评估很多时候是否定的。而实际上，专利局会使用一些现有的专利做引证，要求你改变申请。但是你的专利代理律师应该已经核查过这些资料，他会在你的配合下准备一份（希望是成功的）反驳材料。这份反驳资料会包括专利申请的修正案以及说明你的发明与专利局所提出的现有专利不同的技术简介。这个过程大约会花费 1 000 美元左右。

如果你和你的律师得到批准，那么你就会收到一份收费通知函。在收到信函后的三个月内，你需要提交一笔专利授予费（大约 885 美元），支付给为你的专利发明绘制图案的制图师的费用（大约 700 美元），以及专利公布费（大约 300 美元）。几个月后，专利局就会授予你专利了。

整个过程中，你有责任尽可能向专利代理律师解释清楚你的发明。毕竟，这是一个全新的产品，你的律师可能对它的工作原理和方法并不十分了解。你需要认真阅读律师写的有关你的发明的每一个字，仔细检查雇请的制图师所画的每一幅图案，以确保一切都准确无误。

在你的临时专利一年的保护期限即将结束的时候，如果你还没有找到授权经营商，你就要准备自己支付整个非临时性专利的申请费用，或者选择放弃。即使你真的找到了授权经营商，对方也愿意为你支付申请专利的费用，你也要确定你和你的专利代理律师仍然要准备所有的申请文件。而且每个人的服务费都会随着时间的推移而增加。

两点忠告：切记谨慎行事

第一，无论你是把所发明的产品授权给经营商还是自己生产推销，聪明的做法就是要准备一定数额的储备资金以防出现危机。危机可能来自潜在的专利权诉讼，也可以让你在雇请更优秀的专利代理律师上有更多选择。

第二，事先提醒，你一旦获得到注册商标或者专利，你的名字就被列入那些奸诈之徒的欺骗对象名单上了。他们会往你的邮箱塞满看起来很官方的信件——大部分都是告诉你有关你应该支付的费用。这些都是骗局！把这些情况汇报给 uspto.gov。千万不要通过邮寄方式汇款：你可以通过 uspto.gov 直接在线支付合法费用或者通过你的专利代理律师交费。

发明步骤四：
推销，让人迫切希望拥有它

你想要知道你是谁吗？不要问。行动！行动将
会描绘你，定义你。

——托马斯·杰斐逊

"推销"是内部人士使用的术语，指向那些可能购买产品的人介绍产品的功能和理念。这一点非常重要。为什么呢？因为无论你的产品思路有多么美妙，如果没有人知道它，它就销售不出去。每当我想起那些出色的小发明，躺在商店的货架上，积满灰尘，无人问津，我就感到痛心。因为没有得到合理地推销，它们被大众消费者遗忘。有一件事情是确定的：销售萎靡不振，产品默默无闻——你绝不希望自己的发明最终如此下场。哪个发明家都渴望自己发明的产品能够大卖！

无论你是在寻找授权经营商来接管你的产品，还是你已经决定自己向商店或顾客销售，推销都是至关重要的。本章将会告诉你如何展开强劲的、富有说服力的推销策略，使听众为之吸引，不由得感叹，"哇，多么伟大的发明！这款产品绝对会热销！我要买！"

你有两种途径，都需要你针对潜在客户进行陌生电话访问并展开推销：

有些发明者不愿意费心劳神亲自去申请临时性专利或做很多流程工作，他们只拨打陌生电话进行产品推销，直至引起某个授权经营商的兴趣，并与该公司签署保密协议。然后他们给公司寄去产品介绍，希望能够把该产品委托给公司经营——如果双方达成一致，那么保护该项发明的事情都归授权经营商筹划，他们自己就不用担心了。如果没有授权经营商青睐，只须承担很少的损失，就可以继续研发下一款产品了。这样做也不失为一种省心且省钱的方式。如果你属于这样的发明者，只需读一读本章"展开陌生电话推销"及"推销技巧"两部分就行了。

如果你已经申请了临时性专利，那就可以广泛地宣传你发明的产品了（当然你还是要了解展开陌生电话推销的方法以及推销技巧）。你需要展开多方面的推销活动：新闻报道；投放广告，包括免费广告；在多种社交媒体网络上宣传（在第16章有更多这方面的内容）；利用在广播和电视上露面的机会推销你的产品；参加贸易展览会；全面展开互联网宣传等。

无论你选择采取哪种途径展开推销活动，本章都会教给你一些方法，提供一些建议，让你在任何地方的宣传都精彩纷呈，反响强烈。

展开陌生电话推销

拿起电话拨给一个完全陌生的人，相信很多人都会发怵。而且还要尽力宣传你的产品，说服对方购买，这样的事情想想就让人害怕。但是，请放心。我要教给你怎样给这样的推销电话热身，怎样让你和电话另一端的人建立和谐的关系。

首先，让我们来看一下电话推销的基本要点。

为什么要电话推销？ 电话推销的目的是与公司的决策者（负责提交新产品的人）取得联系，以便于你当时就向他介绍推荐你的产品，或者安排好一次电话会谈。你要通过电话推销使他对你的发明感兴趣，签订保密协议（特别是你没有临时性专利保护的时候），想要了解更多信息，并最终购买你的产品。电话推销开始时也许真的很尴尬，但它可以帮助你与其他人建立友好关系，与你感兴趣的公司架起沟通的桥梁，为你的产品得到关注争取机会。你要达到的目标就是在确保安全的前提下让公司或采购员想要购买你的产品，主动索取产品资料。而你的首要切入点就是拨打电话。

为什么不发电子邮件？ 现在人人都在使用网络办公，那么我们为什么不通过发电子邮件推销产品呢？想想看，当你收到不请自来的电子邮件时你会怎么做呢？可能很多人会看都不看就删掉，或者把它放进垃圾邮件文件夹。做一些调查，找到你想联系的人的名字，了解有关他们产品的情况，然后电话交流。这种做法远远胜过发电子邮件那样冰冷的推销方式。

如果你计划向潜在授权经营商推销你发明的产品，现在公司普遍都会要求你在他们的官方网站填写"提交新产品思路"专栏的表格。一般都设置在公司网站的联系方式页面。在提交任何信息之前，他们会要求你首先下载并签署保密协议。有一点需要提醒：在上传任何信息前最好已经申请了临时性专利保护。

电话推销仅仅是为了寻找授权经营商吗？ 当然不是。但你要记住，寻找授权经营商可能是你的首要目标，这个过程经常会持续数周甚至数月时间，运气好可能一个电话就搞定了。你务必要有恒心，反复地向潜在客户打电话推销，不要怕被拒绝。要知道，临时性专利保护期只有一年的时间，而且即使你签署了保密协议，有些公司也会考虑很长的时间才能决定是否购买你的发明。这就是为什么我一直建议你不断寻找，接触更多公司的原因。坦率地说，我不是一个特别有耐心的人。我有时候觉得最好能采取积极行动，建立自己的公司，自己生产销售发明的产品，而不是一直被动地等待别人挑选。但是即使你决定要自己开办企业，你仍然需要知道如何进行电话推销。因为你必须要让尽可能多的商店采购员对你的产品感兴趣。所以说，电话推销是你必须要掌握的技能，而不仅仅是一个目的。

给谁打电话？还记得在第 11 章讲过的你做调查时所整理记载的生产商（潜在授权经营商）名单吗？你应该一个一个给他们打电话介绍你的发明，向他们推销你的产品。而且，在本书第 16 章，我会讲到免费的职业社交网"LinkedIn"。这是另一个优秀的资源库，就像在线电话本一样。在这里，你能找到特定商品群的潜在授权经营商和商店采购员。另外，邮购商品目录也可以取得不错的推广效果，使你的产品顺利进入商店销售，因为商店采购员对邮购商品目录相当信任。

在你开始进行电话推销的时候，记录好你拨打电话的日期、谈话对象的姓名以及谈话的内容。电话推销会占用你很多时间，你一定要保持条理清晰的书面记录，以便日后查阅或者作为某种凭证。这个过程或许很漫长，也可能会很沮丧，所以你要时刻保持积极乐观的心态。

为电话推销做好准备

要坚持不懈。你不可能马上就有机会把产品推销出去。大部分商店采购员和授权经营商都是大忙人，他们都有前台人员替他们安排工作日程，推挡闲杂事务。所以你并不是想见就能见到他们的。而电话推销很可能也会被对方直接挂断，因此要花费一些时间才能找到一个对你的发明感兴趣的人。保持平和且充满希望的心态，这样会有效减少推销受挫的沮丧和失望情绪。

准备好要说的话。首先，确定自己要说什么。

对授权经营商：与公司里负责新产品提交的人或产品经理联系。告诉他你是一个产品开发者，你新发明的产品对于该公司现有的产品线是一个有益的延伸，或者特别适合该公司。你也可以告诉他，根据你的调查，该公司缺少像你新发明的这样的产品，但是竞争对手却有。而你的这款产品操作更简单、质量更好、速度更快、价格更便宜、外观更漂亮、设计更性感、配置（部件）更先进、反应更灵敏——只要是相关、真实的优势，你尽可以告诉他。

对商店采购员：把你从"Linkedin"或其他网页中搜来的采购员的名字记住，然后进行电话推销。如果是一家小商店，你可以直接联系商店老板或经理。告诉他你发明了一款具有哪些优势的产品，对于该商店的产品种类将是一个有益的补充，必将受到消费者欢迎。

角色扮演。为了克服怯场或与陌生人谈话时不自然的神态，你可以事先做一些排练。找一个朋友，根据你推销产品的底稿跟他练习交谈，直到你感到放松了为止。许多人很害怕这个部分，但是熟能生巧。我自己的经验就是，产品推销是你的朋友——它才能让你发明的亮点闪耀起来，而且你的声音特别重要。当你真正跟推销产品的对象进行电话谈话的时候，假装你还坐在自己家的客厅里跟朋友演练。那么，你会做得很好——另外，如果出现严重错误，你可以马上挂断，然后再拨通电话，告诉他电话掉线了！无论你信不信，最终这个过程会变得非常有趣而且非常有挑战性，因为你在谈话时必须反应敏捷，而且会感到相当刺激。随着你反复地练习，你的思路会更加清晰，话也会说得的更流畅、也更自信。

保持积极心态。不要以一种乞求的心态试图达成合作。时刻记住，你发明的产品会给经营商带来巨大的财富，而且会给终端使用者带来便利和实惠。对于电话线另一端的客户来说，这是一个多么好的机会！你提供的产品将给他们带来巨大的利益。

设定目标，坚决执行。给自己设定一个符合实际的目标——例如，每周拨打六个陌生电话进行产品推销（这是完全随意性的数量，你可以根据自己的忙碌程度增减），然后开始实行。把电话推销变成你工作日程的一部分，例如周一打三个电话，周三再打三个电话，只要适合就好。坚持把电话推销纳入你的工作计划，它就像一种锻炼，你只须去做，不要过分在意电话推销的结果。无论得到的回应如何，坚持自己的目标任务。这样你的能力会在不知不觉中得到提升，也会有一种成就感。

提前准备可能面对的状况。当你要求跟公司负责产品提交的人，或者产品经理洽谈来推销你发明的产品，或者当你要求跟商店采购员洽谈时，经常会出现以下几种情况。

➤ 你得到发送语音留言的提示，你该这样做：

第一次，挂掉电话，稍后再重拨。第二次，同样。第三次，留下产品介绍的信息。一定要简短，务必留下你的联系方式。几天后再次拨打电话，再留下一些语音信息。然后给他发送一封电子邮件或者试着与该公司的另一个人取得联系。

第13章
发明步骤四：推销，让人迫切希望拥有它

➢ 前台工作人员接听你的电话，不愿意把电话接到负责人办公室（因为各种各样的理由）时，你该这样做：

询问接听你电话的工作人员的姓名，写下来，然后说，"谢谢你，（前台人员）。那什么时候可以联系（你要找的人）？"记下工作人员提供的时间，然后在给定的时间段打电话。同时，尽量得到你想要联系的人的电子邮箱地址。

有时候，你想要联系的人并不能得到你的信息，因此，你可以直接给他发电子邮件，或者尝试与该公司其他关键人物取得联系。决不要在信件中透露过多发明的细节信息；发送给他们你准备好的产品推销内容。如果你知道想要联系的人的名字或者其他信息的话，通常就可以幸运地绕过工作人员的阻拦了。说话的口气一定要老练些。

➢ 前台工作人员给你接通了电话，你该这样做：

准备好向电话另一端的人推介你的产品。如果你事先已经知道可能会得到负面的回应，你可以用更积极的方式来对待他们。不管发生怎样的事情，任何与你交谈的人都值得你事后写一封友好的电子邮件，感谢他们留给你时间。

以下是你最有可能从潜在授权经营商那里得到的五种负面的回应，以及处理好它们的最佳办法。

1. 我们从不购买授权产品。问问对方是否知道谁会对你的发明感兴趣。之后写一封措辞友好的电子邮件表示感谢。

2. 我们只考虑那些受专利保护的产品。你也许经常会听到这样的回答，这也正是我建议你申请临时性专利保护的原因。你可以实话实说，

告诉他的发明已经处于专利申请中。

3. 请寄给我们你的专利申请，让我们看看你发明的产品的具体情况。在发明处于专利申请中的状态时，千万不要把你的专利申请书寄给任何人，因为这样做可能会让你竹篮打水一场空。告诉他们，律师建议你不能把专利申请书寄出去，但如果你们签订了保密协议，你就可以放心寄给他们更多资料了。

4. 我们会保留你的信息，以后再考虑。这通常就是礼貌的回绝，但你可以询问下一次产品评审什么时候举行，然后你再打电话推销。随后你还可以发给他们你的产品介绍（当然是在你已经申请了临时性专利保护的前提下）。

5. 我们不签署保密协议，所以你直接寄给我们所有详细信息就行。这可能是一个危险信号。从技术上来讲，如果你已经申请了临时性专利，你和你的发明就已经得到保护，但是如果你还没有申请临时性专利，那么你千万不能把你的产品的详细信息寄给任何人，除非对方已经跟你签署了保密协议。临时性专利和保密协议将构成双保险。

以下是商店采购员可能给你的负面回应。

1. 目前我们没有空间接受新产品。这时可以询问采购员什么时候开始下一轮的商品采购，做好记录，然后在给定的时间段再打电话。你还可以在谈话之后给这个采购员发一封电子邮件，引导他浏览一下你的网页或者电子产品介绍（如果引起了对方的兴趣，他们肯定会专门为你的产品腾出销售空间）。

2. 我们已经有这样的产品在售。向采购员解释你的产品有何不同，有何优势，引导他观看你的产品演示视频，或者提出去他那里现场演示

（如果该公司就在当地的话）。

如果你得到了积极的回应，你该怎么做？

1. 如果一个授权经营商对你的发明感兴趣的话，告诉你的联系人，如果双方签署了保密协议，你会很高兴给他们寄去产品介绍以及你的产品演示视频或网站的地址，或者亲自去把产品的所有信息告诉他们，等等。同时你要反复强调，你对该公司的产品非常熟悉，希望自己的产品能加入他们的产品线。

2. 如果一个商店采购员对你的发明感兴趣的话，尽力说服对方，至少下一个小订单——当然订单越大越好——仔细核对一下商品定价、运输以及付款条款等等。这些都是详细产品销售表上出现的东西。然后开始制造你的产品。

产品推销

无论你是在为自己发明的产品寻找授权经营商还是商店采购员，产品推销都是必不可少的。你会在不同场合，使用不同方式进行产品推销。当然这一切都是在确保你的发明处于安全的状态下。

前面已经强调了保密协议的重要性。当你收到来自相关公司的保密协议之后，仔细查看。如果发现任何遗漏或者有需要解释的地方，给公司打电话询问或者找律师帮忙。在你全部搞懂，签署了保密协议之后，再次给公司打电话或发电子邮件，告诉他们你已经寄回了保密协议，并约定时间通过电话或者本人亲自去介绍你的产品（虽然亲自做产品介绍的情况已经越来越少）。不要忘了感谢你在该公司的联系人，并表达你对双方合作的殷切期望。然后就是数周或数月的准备时间，期待在观众面前完美展现的那一刻。

下面来讲讲做产品介绍的具体细节。

● 还记得前面提到的"电梯交流法"吗？那是一个非常好的产品介绍框架，回顾一下你当时写的内容，将其完善。你的听众最关心的只有两个问题：这是什么产品／它能干什么／什么功能使它如此出众？最重要的问题是，我怎么才能赚钱？听众面前可能就放着你发给他们的产品介绍，如果这时能播放该产品的演示视频就更好了。而且，人们都倾向于和有准备的人合作，所以别忘了把你所做的调查研究带来，向他们展示一下为什么你发明的产品会让顾客喜爱，以及这款产品怎样给他们带来可观的收益。这是你向他们全方位宣传产品的绝佳时机。例如，当有机食品开始流行起来的时候，许多雄心勃勃的有机零食发明者引用多方事实和数据向人们证明，吃更健康的有机食品是一个正在兴起的潮流。你还可以向他们展示产品所获得的荣誉，民意调查的结果，商店采购员的反馈信息，以及任何媒体对其所做的相关报道。如果你已经预先做好了工作，估算出了大概的生产成本以及批发和零售相对合理的价格，你也可以直言相告。

● 请朋友帮你一起练习，以便于你做产品推介时更流畅、更自信，就跟你当初做陌生电话推销时一样。记住，产品推介比陌生电话推销的效果要好得多，因为听众已经对你有所了解，他们也期待听你介绍。

● 保持诚恳热情的态度。你自己是做产品推销最好的人选，因为你对自己发明的产品最了解，介绍时应充满活力。同时注意倾听听众的反馈，不要一意孤行，这一点很重要。培养自己对听众提出的问题和反馈意见及时回应的能力。友好和真诚会使人们更乐意帮助你。即便你们没能达成合作，他们也会向你推荐其他更适合的公司。

● **微笑。** 保持微笑，让对方感受到你的乐观、真诚、亲切、友善与温暖。

● **保持积极心态，继续向别的公司做推销。** 为了说明这一点，给大家讲一讲我自己的亲身经历。我最初以为汽车座椅生产商可能会需要我的后向儿童安全座椅观察镜，所以我把他们列入我的首批产品推销的名单中。有一家公司特别喜欢我的发明，花了好几个月反复审查，但最后却决定不予购买。我当然很失望，这家公司也没有向我说明拒绝购买的理由。我猜公司不想承认其汽车座椅产品存在瑕疵，需要我发明的产品作为弥补吧！不管怎样，这其实并非坏事。我后来把这款发明连同其他婴儿旅行及安全产品全都授权给了其他公司。如果不是他们拒绝的话，我可能还会在汽车座椅生产企业这类公司浪费许多宝贵的时间。

亲自做产品推销

做产品推销要富有想象力。虽然大部分产品推销都是通过电话进行，但你还是有机会做现场产品功能演示及产品推销。参加贸易展览会、大型集会、以及在媒体上抛头露面的时候，你都有必要亲自去做产品推销，而且还会经常与本地买家面对面交流。

商业圈里充满了富有想象力，让人难忘的产品推销故事。以莎拉·布雷克里（Sara Blakely）为例，她是 Spanx 品牌的创始人，受欢迎的女性弹性塑身内衣的发明者。在屡遭采购员拒绝之后，她决定采用一种完全不同的推销方法——她把一名女采购员带到女厕所，然后脱去外衣，给她展示自己穿上弹性塑身内衣的效果。这种做法毋庸置疑具有超强的说服力！不用说，她成功地拿到了订单。在我向人们演示降落伞狗狗垃圾清理套装的使用方法时，我会根据观众的多少使用块状巧克力——这种做法既让我的产品演示活泼生动又增添了甜蜜幽默的效果。每次都会取得良好反响，观众也会牢牢记住我和我的产品。

给小型专卖店的采购员做产品推销是非常有必要的（要联系大型商店的采购员，你需要在 LinkedIn 或者其他类似平台上搜寻联系信息）。我和丈夫一度去科德角做产品推销，沿路在那些小的婴儿用品商店向他们展示我的后向儿童安全座椅观察镜，销售情况不错。做产品推销时带上客户评价和产品原型更能促成交易。如果店主或经理不愿意订购你的产品，你可以提出先给他们一些产品试销，视销售状况再考虑合作的具体事宜。这样通常会激发起他们的销售动力（这在大商店里很难办到！）。这种方法也能真正检测顾客对你的产品的兴趣以及该款产品的销售潜力。

在做产品推销时不必过分夸张。如果采购员对你的产品感兴趣，只要能看到潜在利润，自然就会销售出去。

我有一个发明家朋友是这样做推销的：他给商店打电话或者亲自去商店，假装自己是普通顾客，询问商店是否销售他自己发明的某一款产品。如果工作人员说没有，他就会说那是一款特别好的产品，商店应该上架销售，并告诉店员他会去销售这款产品的商店去购物。这让我想起了牙签的推销故事：最早发明牙签的发明者会给饭店打电话预定座位。然后他会询问饭店里是否有牙签。如果饭店的工作人员说没有，他就会取消预定，告诉饭店他要去有牙签的饭店预定。（你简直不敢相信有多少有关牙签的专利，但是第一个发明者必须要激发起人们对牙签的需求。）

现在各个饭店都有牙签，更不要提有多少牙签桶之类的发明专利了。

与人面对面交流时互换名片是必要的。这里我推荐大家尝试一下网站 MOO.com，它提供样式独特、印刷精美、极富想象力的名片。名片可能是别人所能看到的对你的"品牌"的第一印象，因此一定要确保你的名片精致、独特、亮眼。就像你的产品介绍一样，名片上需要印制你的品牌标识，列出你的网站地址、主要社交媒体地址、电话号码以及电子邮箱地址。

与商店采购员打交道的几条特别建议

- 如果你联系的是本地商店，主动提出去商店做现场产品演示。

- 你可能会用上内容更充实详尽的产品介绍。包括批发价格、制造商建议零售价、配送信息、最低订购量、订货至交货的时间（交付周期）、订货流程以及付款信息（确定最低订购量很重要，因为你肯定不想让人们一次只买一件商品）。

- 小型专卖店通常是销售单件产品的好地方。大型商店很难打交道，他们通常不采购单件商品，而是更钟爱系列产品，并且他们需要较大的销量以确保获取利润。我是吃了亏才明白这个道理的。曾经我的一款产品在小型专卖店销售很好，后来被一家大型商店选中。我很激动——可是这些小型商店却不乐观，因为突然之间，我的那款产品在大型商店低价销售，不再是曾经的高端"专卖"商品了。后来这家大型商店停止采购我的产品，因为我的产品库存没有达到他们所要求的数量。

- 如果采购员对你的产品很感兴趣，但却迟迟没有做出决定，你可以提出首单折扣或免运费的优惠。

■ 如果你一直在通过网络直接向消费者销售产品，而且希望产品能有更多线下销售的话，你可以询问反复订购你产品的消费者是否愿意去当地的商店里购买，这样就能节约每次的运费。然后请他们给当地的商店建议采购你的产品。这样消费者简直变成了你的销售团队！之后，这些商店很可能会给你打电话订购。我已经这样做过几次了，消费者当然愿意不用每次购买时都支付运费。卖给商店虽然是批发价，但销量的提高已经足够帮你赚取更多利润了。

新闻稿

大部分人都没有意识到媒体一直在满世界搜寻新闻线索。这正给了你和你的创新发明思想施展拳脚的舞台，既可以为媒体提供有价值的信息，又为你自己做了宣传。公开宣传是好事情，它在增加公众对你的信任度的同时激发人们对产品的热情，树立产品的认可度。但是这样的好事情不会自己找上门来，你自己要积极争取这样的机会。比较有效的方式就是写新闻稿。

我发现写新闻稿的妙处纯属偶然：一天晚上我和丈夫下班驱车回家，途中听到一个作家在广播上谈论自己写的书——教人写新闻稿的书。汤姆建议我买一本看看，于是我就买了一本。我很快就写出了我的第一篇新闻稿，配有两张使用中的后向儿童安全座椅观察镜的照片以及说明。我付钱让一家公司把它寄出去，并专门印制了信封，上面写道，"警告：安全气囊和婴儿不能混为一谈——请看解决方案"。当然，这是在电子邮箱广泛使用以前的事情。现在新闻稿都是通过互联网寄送的——原先打印在信封上的字句也自然变成了文章的标题。

那篇新闻稿寄出去之后，大大小小的报纸、育儿杂志上刊登了数百篇有关我的这款发明的文章，电视新闻和广播也都有报道。甚至美国国家公共电台（NPR）的《车迷天下》（*Car Talk*）节目主持人，咔嗒咔嗒，推杆兄弟也对我的后向儿童安全座椅观察镜给予了好评。所有这些报道的结果就是，我的产品订单量陡增。这种宣传效应的力量真的不可低估！

关于新闻稿

新闻稿是介绍你发明的产品的文章，以第三人称的口吻来写，通常要拟一个醒目的标题，把产品有趣、精彩、有新闻报道价值的一面展现出来。新闻稿要符合你在网络上可以看到的特定形式，你写好后可以通过电子邮件形式发给你能找到的所有媒体，希望它们采纳并刊登出来。你还可以雇请专业公司或团队替你撰写并递送新闻稿，这种做法非常有效，但收费是你要衡量的。当然，在你聘请任何人做公共宣传或公共关系工作以前，你自己首先要尽职尽责地调查该公司或个人的情况以及资历。

调查潜在的宣传或公关公司不仅可以帮你避免上当受骗，还可以确保你是在和一个专业从事商品推销宣传工作的公司打交道。

为什么新闻稿管用呢？在某种程度上，新发明的产品自然具有新闻报道价值。如果你能把自己的产品与目前人们关心的热点联系起来，对提高宣传效率大有帮助。在我最初发明后向儿童安全座椅观察镜的时候，安全气囊还不是强制安装的汽车配件——因此父母亲开车时可以把孩子安顿在前排副驾驶的位置上。后来安全气囊成为强制标准，因为安全气囊弹开瞬间所产生的冲击力会对坐在副驾驶座位上的幼儿造成严重伤害，安全气囊以及汽车座椅问题成为当时大家普遍关心的话题，因此我发明的这款产品顺理成章地受到了人们的关注。即使婴幼儿被安排在后排座位上，它也能保证父母可以时刻关注到孩子的情况。

还有一个例子涉及我发明的宠物垃圾清理套装。我写的新闻稿把这款产品与两件时事关联在一起：一件事情是很多社区禁止使用塑料袋（这样很多人就无法再使用塑料袋装狗便），另一件事情是对于不清理狗便的人实行罚款。我的产品解决了成千上万观众和读者所关心的两个问题。媒体自然懂得其价值所在。

着手写新闻稿之前，先以不同的眼光重新审视你的产品介绍。在一张纸上列举出所有使你的发明富有价值的优点。然后审视一遍看是否具有新闻价值。你发明的产品解决了什么现实问题？有没有一个人们普遍关心的新闻视角？它与某个节日或某个特别事件有联系吗？你可以通过阅读网上的新闻稿或杂志上的文章标题来获得灵感。一个醒目的标题非常关键：你一定要保证新闻稿标题能瞬间引起读者的兴趣。

拟好新闻稿标题后，写一篇简短但内容充实的草稿。稿件中一定要包括可点击的链接，使其与你的网址关联以来，同时也别忘了增添"分享"功能，这样人们就可以把你的新闻稿分享到其他任何社交媒体网站了。把你写的新闻稿拿给你信赖的人看，然后不断润色，直到觉得它富含新闻价值且引人入胜。

写好新闻稿之后，你可以把稿件寄给当地的报纸、广播电台、电视台或在比较有名望、受人们欢迎的网站上发表，也可以联系比较知名的博主或网络红人转载，当然这会花费你一笔不小的资金。

你还可以写有关你所参加的活动的新闻稿。这些信息对本地媒体而言特别有新闻价值（例如"本地发明家在达拉斯贸易展上展出自己的小发明"这样的稿件可能会引起当地媒体的兴趣）。随着你和你的发明知名度不断提升，可以适时给媒体发去新闻稿，报道你最近发明的一款产品，获得的某项个人荣誉，或者与某家企业签订的一项商业合约等。

一定要保证把你写的每一份新闻稿同时发到所有你的社交媒体网站。在本书第 16 章我会讲到更多这方面的内容。

好的新闻稿会带来更多的新闻报道、产品订单以及出现在网络、广播电台和电视台节目中的机会。它们就是能长出巨型豆茎的魔法豌豆！

贸易展览会

我喜欢贸易展览会！虽然不是每年都参加，但我要发布新产品时基本都会去的。在过去的多年时间里，我对参加贸易展览会的流程已经很熟悉了，懂得如何利用贸易展览会为我的产品带来更多关注，也更加享受参加展会的过程。现在我可以分享我知道的一切关于展会的注意事项，以便于你更加有效地利用贸易展览会推销你的产品。贸易展览会提供给你一个把产品带给核心目标观众面前的优质平台，有很大机会能跟潜在客户进行谈判并完成交易。

贸易展览会是什么

即室内商品交易会。大型国际贸易展览会持续好几天，有高达数千张展桌和展位。会有来自各地的参展商拥满场馆，希望引起授权经营商、生产商、商店采购员以及顾客的关注，有些顾客对这些新发明特别感兴趣，总是期盼看到颇具创意灵感的杰作。每年小型的贸易展览会非常多，但为了节省资金，我还是建议你参加大型展览会。

每年都会有各类不同商品的贸易展览会，基本上每个行业每年都至少有一两次大型展览会。所有这些贸易展览会合起来，每年全国大概有10 000 场。它们引起媒体的广泛关注（例如在底特律举办的汽车贸易展览会，一直都是全国电视新闻报道的重点），展览馆里挤满了可能想要购买你的产品的人。你没有理由不去这些贸易展览会上一试身手。在参会之前，有两件事需要特别提醒。

1. 你发明的产品至少已经得到临时性专利的保护。如果没有，不要参展。

2. 贸易展览会需要花费一定的时间、精力和金钱。参加展览会前你需要做大量准备工作，会有一笔不小的开销。不过考虑到可能产生的效果，这样的投入我认为是值得的。在预算允许的情况下我宁愿参加贸易展览会——因为我知道那里云集了最有可能购买我的发明的人，比起漫无目地投放广告要有效得多。

贸易展览会上充满了机会，你可以向最合适的人推销你的产品或者跟他们交流并增进关系，他们可能会成为你的授权经营商，或是下大订单的购买者。在贸易展览会上我遇到过重要的企业决策人，得到过主流媒体的新闻报道，获得过十佳优秀发明的嘉奖，还引起过许多授权经营商及采购员的关注。并非每一场贸易展览会对于每个人都是成功的，但是它们绝对是良好机遇的温床；你永远都无法预测谁将会出现在展览会上，寻找的恰好就是你发明的这款产品。除此以外，参加展览会的经验也是无比珍贵的财富，因为在那儿你会与所在产业里最重要、最成功的人士齐聚一堂。而且，贸易展览会还包含了许多轻松娱乐的活动，绝对让你不虚此行。

参加贸易展览会的建议与捷径

以下是我多年参加贸易展览会的心得体会，现在我把它们倾囊而授，相信会让你在参加贸易展览会时省去不少麻烦。

● **从现在开始做预算。** 参加大型贸易展览会的花费很大。对于初次参加的人，大部分展览会上最小的展位空间至少也要 1 000 美元。有些展览会会免费提供一张桌子，特别是对于第一次参会的新手。你还需要为交通费、宾馆住宿费以及餐费做好预算。调查一下离你最近的贸易展览会，如果能就近参加的话，你就不用花很多交通费了。你可以在网上搜索你的发明产品类别下的展览会都在何时何地举办。（例如，我经常会搜索"婴儿产品贸易展览"或者"宠物产品贸易展览会"。）阅读每一种展览会的相关文章和评论。你也可以询问商店采购员他们都参加什么展览会，让他们做一些推荐。如果你不介意繁琐的流程和数额不小的花费的话，你就应该参加业界最受欢迎、最有声望的贸易展览会。

● **每一种贸易展览会都有自己的规定，相关细则会在开幕前提前送达你的手里。** 你需要仔细阅读每一个细节。

● **请朋友或亲戚帮忙的开销问题。** 参加贸易展览会的工作量不是一个人能应付的。你肯定不想在展会期间因为离开一下而导致展台无人看管。你需要吃午饭或者偶尔上厕所，如果那时有个重要的人过来而你不在简直就是个噩梦！所以带一个朋友或亲戚参加贸易展览会很有必要，为表示感谢，理应由你来承担一些费用，不过这些花费都是值得的，况且有个人陪伴也不会太寂寞。我曾经邀请一起长大的好朋友和我的姐姐跟我一起参加贸易展览会，随着我们孩子渐渐长大，我丈夫也可以跟我一起出去参加展览会了。去年，我最大的孩子跟我一起参加了一次贸易展览会（注意：孩子必须年满 16 或 18 周岁，不同贸易展览会的要求也有所不同）。我们每次都玩得很开心，我非常感谢他（她）们的帮助。许多贸易展览会都在旅游景点举行，目的也是为吸引更多的参会者，所以在每天忙碌几个小时后，顺便游览一番也是相当惬意的。如果让参加贸易展览会听起来充满乐趣，朋友或亲戚也会禁不住想去给你帮忙。我的一个姐姐就是，总问我下一场贸易展览会安排在什么时候举行。

● **要充满好奇心，乐于与人交流，多结交朋友。**你可能在展会上遇到很多有趣且能与你互利双赢的人。以我的观察，参加贸易展览会的第一天，人人都很谨慎，交流并不活跃，大都专注做事。但到了第二天，每个人都明显放松了下来，大家很快就成了好朋友，互相分享午餐、创业故事以及业务联系信息。那时你可以四处走走，好好看看竞争对手们的发明，并与那些可能会购买你产品的授权经营商接触——也许你在之前的陌生电话推销阶段还跟他们中的一些人通过电话。这种个人之间的接触往往会产生意想不到的效果。

● **你在展位忙碌并开展有趣的展示活动时，我记得特别是有重要人物光临你的展位时，一定要多拍些照片或视频。**我记得在《今夜秀》（*Tonight Show*）节目的制作人员以及费尔斯太太（Mrs. Fields）光临我的展位时，我就和他们一起拍了很多很棒的照片。把这些照片发到你的社交媒体上，可以再加上事件或媒体标签，这样无疑会增加你和你的产品的新闻价值，引起更多的关注。在展位与名人的合影，哪怕是你自己的照片，都会让潜在授权经营商和采购员们对你更加信任。它们会向这些人证明，你对自己发明的产品充满热情，愿意投入更多时间、精力、以及金钱去推广。

● **出席行业交流会。**主流大型的贸易展览会都会举行行业交流会，这是你认识更多业内人士的好机会。虽然会让你额外破费，但能接触更多的人，你就有更多机会把自己的发明推销出去。切记一定不要过分招摇，那样效果只会适得其反，给人留下糟糕的印象。在行业交流会上，你一定要看起来专业一些。而且，与参会者小酌几杯，也许能与他们建立友好的关系。

● **随身携带名片，即使去洗手间也别忘了。**抓住一切机会给所有对你的发明感兴趣的人递上你的名片。

● **收集其他参会者发出的名片以及宣传单，**特别是那些光临了你展位的那些人的名片。记得在名片上做些笔记，以便于你日后能回忆起来。每天晚上回到宾馆，把你当天收到的名片和宣传单整理好。不要偷懒，也许你觉得回到家后肯定能记住这些人，但请相信我，不整理的结果就是信息太多而混乱一团。

● **在你登记参会的时候会收到一份会刊。**保存好，这是一座你将来发掘重要联系人的金矿。

● **把贸易展览会看作是寻找乐趣的机会。**在达拉斯参加贸易展览会的时候，我去买牛仔靴；而在拉斯维加斯的展览会上，我预订了一间破旧的小教堂，跟丈夫在那里重温我们的结婚誓言，这件事让丈夫又惊又喜。利用参展的机会安排一些有趣的活动是非常有意义的。

参展前如何做准备

准备是否充分直接影响到参加贸易展览会的效果。有几条经验我将
与你分享。

● **准备足够多的详细产品介绍和名片。**这个不用多说，碰到合适
的合作商家而手头却没有任何可以向对方介绍自己和自己的产品的资料
是一件令人窘迫的事。

● **充分利用展览会的新闻媒体办公室。**主流贸易展览会都有新闻
媒体办公室，来自各类媒体的工作人员可以从那里得到有关展会参加者
的各类信息。你需要制作足够的宣传资料袋带到展会现场的新闻媒体工
作室，当然数量的多少也取决于展览会的规模。新闻宣传资料装在信封
或文件夹里，封面写上你发明的产品名称，贴上图案或照片，填好主题
栏，并在上面注明你的展位号码。有些人甚至会随同宣传资料袋送上他
们的产品原型，目的就是引起媒体的兴趣，以便于他们写一些关于发明
者及其产品的新闻报道，或者在展位对其进行采访。虽然展会现场通常
有复印中心，你在需要的时候可以去那里制作更多的宣传资料，但是如
果你的行李箱还装得下，最好多带一些，有备无患。

● **制作网络宣传册。**你还可以像最近很多公司所做的那样，制作
电子宣传资料包然后把它放在你的网站上，这样人们都可以看到。不过，
这要取决于你对现代科技的娴熟程度。可想而知，这要比在展会大厅的
复印中心制作宣传资料袋要便宜得多，而且，这样做也凸显了发明者的
环保意识。

关于宣传资料袋

　　一份完备的宣传资料袋包括有关发明者最新产品的新闻宣传稿、照片、发明者的名片、产品介绍以及其他任何推销资料。

● **用印有展会抬头的信纸打印新闻稿。**大型贸易展览会通常会使用印有展会信头的信纸，你不妨用印有展会抬头的信纸写一份新闻稿寄给当地的报社，以便于他们在本地宣传你和你的产品。

● **邀请重要联系人在展会现场见面。**这会给你和你的产品增色不少。

● **最好有实物的产品原型在贸易展览会上展示。**如果你自己生产产品，但是还没有全面量产，那就先为贸易展览会小批量生产一些样品，以便展示。

● **在展位播放产品的视频演示也不错。**大部分展会的组织中心在展会期间都会提供租赁音响或视听设备的服务。但租赁这些设备价格也不菲。如果你在这些技术方面很在行，可以把自己的笔记本电脑与会场的音视频设备连接起来。如果觉得费用太高的话，那你可以用你的笔记本或者手机以及平板电脑来做视频演示。

● **尽量带一些展会结束后你就可以扔掉的东西，这样回家的旅程会轻松很多。**例如，我买了四个模特的头部模型来展示我发明的婴儿背带玩具帽边。它们很便宜，却不容易携带，所以在展会结束后我就把它们扔掉了。如果你带来了实物的产品原型，在展会结束前就把它们都卖掉。带着钱回家总是更轻松的！

● **考虑给你和你的助手准备一些特制的 T 恤衫，前面印上你的产**

品标识和名称，后面印上你的网站地址。你可以通过网络定制，也可以让你的艺术设计师帮你制作，价格都不贵。我最开始时预算紧张，所以就印制了便宜的单色图案 T 恤衫，但随着事业的成功，我现在可以购买漂亮的绣花 T 恤衫参加展览会了。这也是贸易展览会的着装文化：几乎每个人都穿着特制的 T 恤衫。

● **准备一些免费赠品。**人人都喜欢免费赠品，准备一些印着你的产品名称或网站地址的小物件：文具、钥匙链、明信片、书签都可以。别忘了去其他参加展会的人那里收集一些小玩意，然后带回去送给孩子或朋友。

● **办公用品很重要。**订货单、钢笔、铅笔、订书机、剪刀、胶带、以及纸张，一个都不能少。

● **薄荷糖和零食可以帮你渡过难关。**在你真的不能也不想离开展位太长时间时它们很管用。

布置展位

把展位设计得漂亮别致对参展单位来说是一件大事。有些财大气粗的公司会早早地运来他们装饰展台的设备，然后派遣一个团队来设置展位。的确，他们的展位看起来美观气派，与众不同。但是我也可以把展位布置得简洁而精致，吸引客户来参观。实际上，在我看来，有些煞费苦心设计的展位反而适得其反，容易本末倒置，使他们的产品显得平庸，而将客户的关注点都转移到展台的布置上去了。

你不可能带着椅子、奢华的地毯、漂亮的桌布甚至废纸篓坐飞机来参加展览会，你不得不在现场购买或租赁这些东西，它们都不便宜。这些也是展会组织者的重要收入来源之一。展会组织者尽力说服你购买或租赁那些其实你根本用不着的东西。不必顺从他们，光临你展位的那些采购员和潜在授权经营商感兴趣的是你发明的产品，而不是展位的设计布置。所以，只要你的展位看起来专业、整齐就行。我已经学会如何让自己参会时轻装简行了：一个滚轴提包，里面放着我需要穿的衣服和布置展位的所有材料。

另外，千万不要把返程机票定得太早。如果你在贸易展览会闭幕之前撤掉展位的话，你会被罚款的。

省钱妙招

因为我们资金有限，所以要知道如何节约。

- 预定展前小册子中所罗列的酒店中最便宜的房间。你完全不用担心从便宜的酒店去展会现场不方便，因为在展前小册子中所罗列的酒店一般都会安排有免费往返巴士接送参展人员。在我最初参加贸易展览会的时候，几乎连最便宜的酒店都住不起。但想象某一天我可能会非常成功，可以在展会举办地最奢华的酒店里住宿——而我的梦想最终变成了现实。这种想象真的能激发你的能量！

- 你可能只需要一张桌子摆放你的产品，一个塑料支架陈列你的产品介绍和名片就够了。这些在办公用品店可以买到，然后带到展会现场。如果展会不提供免费的桌子裙罩，那就免不了要购买或租赁一套了，因为它可以遮挡住桌子下的东西，使你的展台看起来更整洁。

- 你还需要一两个标志牌。可以找当地的标牌制作公司或艺术设计师定制。把它们卷好带到展会现场即可，而且可以反复使用。标牌是吸引人眼球的第一要素，所以必须要设计制作得别出心裁，给访客留下深刻的印象。

■ 我一般不会租赁椅子。如果累了，我就坐在我的滚轴提包上。不坐的时候，可以把它塞进桌子底下。事实是，大部分时候你都会站着，所以你必须带一双舒服的鞋。

■ 我使用双面胶带或细绳来悬挂我的标志牌，决不花钱买昂贵的挂钩。

■ 不用花钱铺地毯。只要穿上舒服的鞋就行了。把你的展桌纵向摆放在展位前方，这样就没人看见地板了。

■ 为什么要租一个要价离谱的废纸篓呢？你完全可以使用一个塑料袋，藏在桌子下就行了。

■ 一定要牢记，你来参加贸易展览会的目的是与那些可能购买你的产品的人见面。看看在同一个领域，别人都在做些什么；与更多的业内人士取得联系，增进感情。

■ 展会结束回到家，把所有可能有帮助的联系人信息整理好，给他们逐个发电子邮件，或者打电话，别忘了提醒他们在贸易展览会上曾经见过。如果运气好，你可能会得到一些订单，也可能会与对方达成授权经营意向。

其他推销产品的机会

产品推销不能随着贸易展览会的结束而结束，发挥一点点想象力，你就能找到更多途径让人们了解你和你的产品。例如，当我推销降落伞狗狗垃圾清理套装的时候，我去参加了四爪治疗协会组织的一场为急需医疗救助的动物筹集善款的步行马拉松活动。像这类活动的展桌通常定价很便宜，而且你会遇到很多兴趣与你的产品定位相符的人。我带了样品分发给参加活动的人。他们非常感兴趣，用过样品后都很高兴来购买。因为参加过四爪治疗协会组织的这场活动，我还应邀参加他们组织的另一场靓狗摄影比赛的活动。在活动现场，我又设置了一张展台，卖出了更多的产品。

如果你的新闻稿引起了舆论关注，还有机会受邀在一些会议或大型集会上发言，向人们介绍你的发明。国家公路交通安全局就曾经邀请我在大会上介绍我发明的后向儿童安全座椅观察镜，那是向人们宣传的绝好机会。

我还受邀请参加了职场妈妈联合会组织的大会，就如何利用瞬间灵感赚钱发表演讲。我当时也带去了我发明的降落伞狗狗垃圾清理套装，并幸运地被选为本次大会上的年度最佳新发明。这是一项很有报道价值的荣誉。

与之相仿，女性企业家中心也邀请我出席在波士顿市的州议会大厦举行的一项活动，向与会代表展示我发明的产品，积极支持州基金资助女性企业家创业的项目。我和马萨诸塞州的参议员、州长同台发表演说，讲述这些项目的重要性。参加完活动之后，主办方还希望我参加他们组织的其他活动。这些活动对宣传你的发明产品的效果不言而喻，记得拍下照片发到社交媒体和个人网站上。

我非常喜欢参加本地学校组织的发明大会，因为我喜欢观察孩子们都有什么样的创意，而且我也热爱向孩子们传授经验，鼓励他们搞发明创造。

还有一个不错的平台就是 InnovationNights.com。这个好创意始于马萨诸塞州，现在变得越来越流行。它类似一个免费发布新发明的交流会，也是一场网络社交活动，一个让你的发明出现在各个社交媒体上的良机。当我的发明在"大众创新之夜"活动中亮相的时候，在场的人给出了一致好评，连新英格兰发明家协会主席都邀请我在麻省理工学院发表演讲。这真是一个全程免费推销你的新发明的优秀平台，一个帮你结识更多业内重要人物的完美途径。

做一名媒体行家

当国家及本地广播和电视台、报纸、杂志、网站以及博客都开始对你和你的发明感兴趣的时候，你肯定会非常惊讶——这些媒体的报道会产生滚雪球效应，甚至让你得到国际社会的关注。

广播节目是一个非常好的宣传途径，因为它们一般都是通过现场电话采访进行的，你不用为此浪费差旅费。我写的不少新闻稿使我赢得了很多参加广播节目的机会，播出后反响都很好，有很多人咨询并购买了我的发明产品。

电视节目也是绝佳的宣传机会。不过普通人是很少有机会参加。一旦有机会亮相，难免会紧张和怯场。不要害怕，记住一个关键点——保持微笑。微笑会让人看起来友好、自信、沉着而轻松，让观众觉得这个人和善而真诚，也就增加了对你的好感。

当有人问起你的发明时，一定要热情洋溢地向他们宣传，让你的发明万众瞩目，光彩照人。还要记住，无论何时都要面带微笑！

付费广告

做广告要发挥想象力。举一个我的亲身经历。我曾自费在医院和孕妇中心的刊物上刊登我的后向儿童安全座椅观察镜广告及订购单。在该产品大面积投放市场销售以前，这些广告为我赢得了大笔订单。因为我找到了最好的目标受众群体，初为父母的人很快就会意识到，当把婴幼儿放在后向儿童安全座椅上时，他们需要能看得见孩子的设备，于是他们就订购这款观察镜。这些订单促使我制作了邮购商品目录——它们又给我带来了更多的商店采购订单，然后就有了授权经营商，以及远远超过我想象的更大范围的销售业绩。如果我把这则广告刊登在汽车刊物上，我想一切就不会这么顺利了。找准定位是投放广告的关键因素。

互联网给个人独立制作广告提供了一个绝佳的平台，它比电视或广播广告都更加便宜而且能更加精准地投放到目标受众。你可以在Facebook以及其他社交媒体网站投放广告，效果还是蛮不错的。在第16章我会告诉你如何构建自己的网络平台，运用互联网的优势推销你发明的产品。

免费广告

科技改变了广告宣传，人们再也不用掏钱做一些昂贵而非目标化的广告。只要愿意，我们完全可以抛开付费的推广方式，用网络来投放免费的自制广告。你可以通过手机拍摄产品演示视频，编辑好之后通过你的社交媒体免费发送出去。还可以在 YouTube 视频网站上建立自己的频道，以适当受众为目标人群投放你的广告。你还可以通过网络数据为你的调查服务。通过电子邮件发送免费广告也是一种很好的广告宣传方式。在本书第 16 章，我会详细介绍这些方法。

我和丈夫背着小孩出去时总会戴上我的婴儿背带玩具帽边——特别是去参加儿童活动或者参观儿童博物馆的时候。我戴的婴儿背带玩具帽边总是会引起很多人的兴趣，他们想要知道在哪里才能买到。你也可以像这样做宣传；在客流量大的地方使用你自己发明的产品，这样就可以被更多人看到，对你的产品产生兴趣，从而带来更多售卖的机会。

如果你的产品成本不高，而且库存充足，那你就可以免费给人们发些样品，让大家试用，多多宣传。当我们带着宠物狗去公园时，我随身携带着一些降落伞狗狗垃圾清理套装的样品。人们看到我在使用它，会表现出浓厚的兴趣。我还会在本地所有的兽医诊室放一些样品和订购单。不要觉得免费发给别人使用给你造成了多少损失，它带来的广告效应会让你惊喜万分，而且无论发放什么样品，不要忘记写上网址，这样人们就可以通过网络大量订购了。

现在你已经学会了如何推销自己的发明，人们对你的产品已经非常感兴趣了，那就请阅读下一章的内容。它将帮你作出决定——是自己生产推销自己的产品呢？还是继续寻找授权经营商呢？如果你计划建立自己的商业王国，我会向你介绍建立企业过程中的复杂细节，包括获得资助的几种非常规的方法。如果你决定继续寻找授权经营商的话，也会有有关授权协议方面你应该知道的东西。

发明步骤五：
制造，在自己家里还是别的地方

> 艾丽丝来到岔路口。"我该走那条路呢？"她问。
>
> "你想去哪里？"柴郡猫问她。
>
> "我不知道。"艾丽丝回答。
>
> "要是这样的话，"柴郡猫说，"你走哪条路都无所谓啊。"
>
> ——刘易斯·卡罗尔

本章聚焦于一个每位发明家都需要给出回答（除非你想一次性卖掉自己的发明）的重要问题：是找一个授权经营商，让他替我生产销售产品，还是我自己来完成所有环节呢？为了不让自己陷入像艾丽丝在仙境中的迷惑与混乱，清楚你想去哪里很重要。

我知道自己的选择。我经营自己发明的一款产品已经五年了，并且事业发展得还不错。后来收到了一位非常渴望与我合作的授权经营商发来的信函。于是我决定跟他的公司合作，这一决定使我的产品进入了一个全新的发展阶段。这款产品很快变得更加畅销，我把它带上了更好的发展轨道。

产品授权

寻找历史悠久的、有名望的公司授权经营你发明的产品是最好的选择，因为你几乎不用承担什么风险，公司成熟的运营机制和良好的信誉会让你放心地将发明专利交给他们打理，你只需等着他们支付授权费就行了。重点是如何找到一个合适的授权经营商，这个过程可能会相当漫长。

在本章中，我会告诉你一些重要的事情，希望在遇到涉及授权问题时能帮你做出明智的选择。你会了解到有关品牌授权代理商的运作，掌握有关授权协议的重要基本知识，以便你能真正理解授权协议的内容，或许你还能在寻找授权经营商的过程中收获意外之喜。

品牌授权代理商：他们是干什么的？我需要吗

品牌授权代理商通过帮你寻找与产品匹配的授权经营商赚钱。如果交易成功，他们通常会收取你收益的 5%~10% 作为佣金，这要根据他们所提供的服务而变化。

我尝试过这种办法，结果我所雇用的这家代理公司只联系了一家授权经营商。只有一家！你相信吗？我在一个休息日就可以联系到更多。就这一家公司最终也没有什么结果。我立即决定自己联系，他们如此不负责任，我又何必为此浪费一大笔佣金。当然，你也许会很幸运地找到一个好的品牌授权代理商，他们尽心竭力为你工作，或者与许多授权经营商有稳固的合作关系。但我认为，那样的概率很小，没有人会像你自己一样为自己发明的产品拼命工作。

产品提交或搜索公司也会充当中间人的角色，提供代理寻找授权经营商的服务，但与他们合作也有一定风险。

寻找授权经营商

在第 11 章中，我们主要了解了寻找授权经营商的基本知识，你可以回头再看看。在第 16 章中，我将一步一步指导你如何通过 LinkedIn 网站寻找潜在的授权经营商。那些中型公司对你和你的产品来说也许是最佳选择，因为他们有更多资源、时间以及精力来关注你，致力于你的产品开发。而大公司通常有丰富的产品和项目，工作面大而分散，所以你的产品很难受到关注。而且，大公司常深陷于官僚作风的困境难以自拔，效率低下。但也并非所有的大公司都如此，如果能与他们接洽，不要错过尝试的机会。

警示语

在线产品提交公司日渐受到人们欢迎。你可以选择把你发明的产品提交给他们。有很多种不同类型的产品提交公司，大部分都声称能尽力帮你联系潜在授权经营商，发挥好中介作用，为发明者和寻找创新发明的公司牵线搭桥。对发明者而言，这些公司很有吸引力，因为他们更新潮，操作简单便捷，有时甚至连产品都不需要，只要你有创新的灵感即可。他们是通过收取产品提交费以及授权交易成功后的提成来赚钱的。所有这些都在长长的法律协议条款中都有所提及，在你提交产品前你必须同意他们的协议。不过比较棘手的是，大部分情况下，与你交易的公司最终会拥有该发明的专利权。我认为在任何授权交易中，无论如何都不能把发明的专利权让给别人。

我自己也在寻找过一些在线产品提交公司，后来才意识到，作为交易的一部分，他们会拥有我的产品专利。在知道这些情况后，我读到了许多发布在网上的投诉。我不禁暗想：如果那家公司倒闭了该怎么办？谁会拥有我的专利呢？直到那时候我才明白，这些产品提交公司帮你做的事情其实你自己就可以做得更好：寻找公司把你的发明卖出去。而且，你怎么知道他们能恰如其分地向客户介绍并演示你的产品呢？

如果你考虑与产品提交或搜索网站、发明家协助网站、或产品评估公司合作，那你首先应搜索一下网上有关该公司的信息，输入公司名称时后面可以带上"投诉"的字样。好好读读查找到的所有信息，然后再做决定。

还有一种称为现场产品搜索的服务。也许你在网络、电视或杂志上曾看到过。其实这就是你前往目的地，与数百名其他发明家一起花一整天时间呆在一间大房间里，等待着轮流向某一个大师级人物推销自己的发明，希望他会对自己的发明感兴趣，并能最终达成授权协议。有时候还会有第二次，你不得不再次耗费一天时间做产品推荐——而且即便如此，你也不一定能谈成这笔交易。尽管现在还有这种现场产品推荐的活动，但大部分人都开始在网络上进行产品搜索，效率更高。这种现场产品推销活动让人疲惫不堪，而且开销甚大，对于大部分参与者来说结局都很令人失望。

授权协议

终于为你的发明找到了心宜的授权经营商，接下来要做的就是双方一起协商一份关键的法律文书：授权协议。

通常你会在电话上与授权经营商讨论商定基本细节（诸如你能获得多少专利权使用费）。一旦这些细节敲定以后，授权经营商就会寄给你一份授权协议。收到协议后，你可以就某些条款与授权经营商进一步协商，直至完全符合你的要求，就可以签署协议了。

因为每桩交易都不相同，我也不是律师，所以我在这里无法拟一份通用的授权协议范本。我的建议是，在达成交易前你应该期待些什么，提出哪些要求。大部分授权协议都是授权经营商拟定的，内容基本都是诚实可靠的，但你务必仔细阅读，以确保你得到的是一桩公平的交易。

签订授权协议是为了保护你和授权经营商双方的利益。下面所列的都是你在授权协议中经常看到的一些协商的重点内容。

● **专利版税。**专利版税是你作为产品发明人所能获得的报酬。通常为每件产品销售净价的 3%~10%。在与授权经营商商谈阶段，你应该先提出一个较高的回报要求，预留与商家谈判的下调空间，最后双方将费用调整到一个相对合理的水平。协议应该声明，在该公司制造销售你的产品期间，需要一直向你支付专利版税。尽管你没有国外专利，但是在授权协议当中仍然要包括该公司在任何国家销售该产品都须向你支付专利版税的内容。协议中还要申明支付专利版税的期限，通常都是按季度支付，付款日期为前一个季度结束后的下一个月份的 15 日或者 15 日之前支付。每次支付专利版税时应附有一份销售报告：明确标明在前一个季度中销售产品的数量、每个客户的销售净价以及应付的专利版税金额。授权经营商应该保留准确且完整的账簿，以便你或你的代理人在合适的时间查阅。

● **开始日期。**授权协议一定要包含产品开始销售的合理日期，谁都不愿意让自己心爱的发明永无面世之日。

● **最低销售量。**它规定了授权经营商在签订协议后的第一年必须销售的产品最低数量（以及由此产生的专利版税的最低金额）。如果没有达到最低销售量，授权经营商必须弥补差额。换句话说，如果任何一年的专利版税低于最低金额，授权经营商都得弥补差额，一般不晚于一年结束后的 30 天内。这项要求能够保证授权经营商的履约表现，因为你肯定不愿意你的授权经营商在签定协议后无所作为。随着产品生产销售时间的推移，你可以增加最低销售量的数量限制，这个数字是可调节的。不过你要记住，授权经营商为经营你的产品会有不少投入，因此切忌贪婪。为了在协商阶段达成公平合理的最低销售量定额，你可以询问其计划在第一年销售多少产品，或者在哪些商店销售。例如，他们计划在 ABC 公司的商店销售，那么你就可以上网查一下 ABC 公司有多少商店，然后基于你得到的数据确定最低销售量。举个例子，若 ABC 公司有 200 家商店，每家商店每周销售三件产品（一个非常保守的估计），那么一年的销量应该是 31 200 件。如果你的专利版税的约定比率是销售净价的 10%，那么以每件商品销售净价 5 美元计算，你的年最低专利版税应该是 15 600 美元。如果授权经营商没有完成这个最低销售量，那他就必须弥补你的差额以保证授权协议的效力。

● **独家经营与非独家经营。**"独家经营"意味着该授权经营商是你唯一授权生产销售你所发明的产品的公司。"非独家经营"指的是，将你的产品授权予其他公司共同开发。大部分授权交易自然都是独家经营的买卖。另外，还可以指定经营商在什么市场或商品种类下销售。例如，如果我把后向儿童安全座椅观察镜授权给一家与汽车零部件商店毫无关联的公司，我可以在授权协议中申明这一点，然后就能把该产品任意授权给那些与汽车零部件商店有贸易往来的公司。确保签约的授权经营商在你的发明产品所属领域内有足够的能力开拓市场。

● **协议期限。**确定授权协议的有效期。有些发明者通常会签署为期两年的授权协议，以便在协议终止时重新评估产品的市场价值并签署获利更多的新协议。也有很多发明者则选择只要其产品一直在生产销售，就保持授权协议长期有效。如果该产品受专利保护，那么授权协议就会持续到专利终止之日。对于外观设计专利，专利保护期是 14 年，无需缴纳专利维持费。发明专利的保护期是从申请之日起算为 20 年，不会少于 17 年。不过专利持有人需要在第四年、第八年以及第十二年的时候缴纳专利维持费。

● **修改条款**。本条款申明，即便你的产品进行了修饰或改变，你仍然有权得到专利版税。这一点非常重要！你肯定不希望你的授权经营商声称他们对产品做了些微改动，继而就不再支付给你专利版税了。而且，在授权协议有效期内无论对产品做任何改善、修饰和零部件更替，你肯定希望产品专利权仍归你所有。

● **预付金**。这是指在签署授权协议时支付给你的一笔款项，通常会从以后的专利版税中扣除。这并非普遍条款，所以如果你的授权经营商没有向你支付预付金，你也不必惊讶。虽然拿到预付金是一件愉快的事情，但没有预付款也无所谓，无需为此破坏了双方的交易。

● **法律责任保险单**。假如有人剽窃了你的发明，授权经营商会诉诸法律来维权。你肯定希望授权经营商与保险公司签订的法律责任保险令人满意，还希望授权经营商把你作为被保险人写入保险单。保证赔付金额一定要高些。

● **履约表现**。在本条款下，授权公司可以罗列出计划参加的贸易展览会，或者其他任何推广产品的途径。如果你的授权经营商会出席国际贸易展览并推销你的产品，那将令人备感欣慰。

● **产品质量**。绝对有必要在授权协议中强调产品的质量必须符合标准。因为这是你的发明，谁都不想自己的心血最后成为劣质产品的代名词。

● **商标权**。如果你已经给产品申请注册了商标，授权经营公司想要使用的话，你可以一并授权给它。一般公司会支付给你相应的商标使用费。

● **专利**。最理想的情况是，授权经营商为你支付专利代理律师费，而你仍然拥有专利权。所以对于授权协议的专利归属部分，一定要仔细阅读。

● **赔偿责任**。这又是一种包含在授权协议当中的保护，这部分内容特别复杂，最好请律师帮你审查。

● **合同终止协议**。只要感觉与授权经营商的合作对你很不公平，交易双方有权退出合作，终止协议。你最好请律师检查一下合同。

一旦你明白了授权协议当中的所有条款，而且你对自己所看到的协议内容也很满意，你就可以请律师帮你审查协议。这种审查不是让你的律师去做那种深入研究或调查论证，从专业角度审视一下合同是否规范即可。如果一切顺利，就可以签署协议了。

签署授权协议之后，真正的美好时光就算开始了。再也没有什么比看到授权经营商制造出你所发明的产品更令人兴奋了——而且，你还可以收到他们寄来的专利版税。随着时间的推移，你支票上的数字会越来越大，真令人振奋！

拥有授权经营商的特殊待遇

在你把产品授权给某家公司且一切进展顺利的情况下，该公司可能会要求授权经营你的其他产品。比起第一件授权产品，后续的发明就不用再以那么正式的方式向公司推荐了。我就是这样的，通过简单的图案、照片，甚至只是口头描述（当然，你仍旧需要保密协议和书面记录来保护你的发明）就把新发明授权给了公司，而且依然持有专利。这对于合作双方来说是一种信任和尊重。流程的简化也促使你的创新灵感不断涌现，新产品由授权经营公司不停制造出来，这是一件多么令人快活的事情！

建立自己的企业

的确，为自己的产品找到授权经营商是一条不错的出路，但有时候却很难办到，这会令人无比失望。正可谓"上帝为你关上了一扇门，同时也为你打开了一扇窗"，因此，如果你寻找了很久仍未找到合适的授权经营商，或者如果你对那些潜在的授权经营商已经厌倦了的话，而且你很确定自己的产品是具有市场推广价值的，那么为什么不能想一想创建自己的企业呢？我要告诉你，自己当老板真的是太棒了！你可以按照自己的意愿建立公司，按自己的理念去经营。你可以选择只在自己的网站销售，组织家庭派对销售，只在专卖店销售，或者通过列入邮购商品目录销售，自己主宰自己的生意。

你或许也正筹划创建自己的企业。开创自己的事业是一件让人无比激动——同时又有点害怕——但永远也不会乏味的事情。

首先让我们先从以下对自己创业的七大错误观念开始说起。

1. **我没有做生意的本领**。任何知道如何记录家庭开支、精打细算地生活以及支付账单的人都有做生意的本领。如果你已经为人父母，也许在操持很多琐碎的家务事：家里的卫生、厨艺、运动（保持身材和健康）、水电费、老公和孩子的吃穿、三亲六故、柴米油盐等等，方方面面的事都需要你操心。协调这些琐事练就的组织能力本质上都可以转化为企业管理能力。我曾经听有人说，再普通的妈妈也可以做一位两星上将，因为她要管好很多事情。

2. **我应该找企业投资人**。如果你的产品特别复杂，制造成本偏高，就需要找一些投资人投资了。但如果你发明的产品非常简单，那就不必操心这个了，你自己的财力就可以负担。多数人都喜欢找人投资，可以节省开支，快速扩张。但我却不喜欢。为什么呢？因为如果有投资人的话，你的投资人很可能会控制你——那就不是自己做老板了。我宁愿自己管理自己的事业。我创立所有的公司都是靠小本经营起家，但随着它们的成长，也能够不断地提供资金支持正常运转。

实际上，我特别喜欢"自力更生"这种创业精神，也就是在没有任何形式的外界贷款或投资的情况下靠自身的努力来创建企业。在当初创立自己公司的时候，我问姐夫瑞克——他在金融界相当有地位——他能否找一些关系给我公司投资，助我打理公司。他告诉我说，他给我的最佳建议就是"自力更生"。这样，我将来就不用回报任何人的恩情。那时我心烦意乱，觉得他没有帮我联系那些慷慨大方、财力雄厚的大人物。现在看来，我意识到瑞克说得很对，他给我的建议很中肯。我把我的产品所赚的每一分钱都收入囊中。这条创业之路让我很享受。事实上，企业家们陷入的最大困境就是巨额债务，借贷大笔资金，使自己和企业背负沉重的金融负担。

最新兴起的众筹资金就可以避免传统的"谁投资谁就有权掌控"的概念。也就是说，你在网上发起筹款，独立的捐赠人给你钱，没有任何附带条件。我认为这对于发明家来说是一个很好的选择，远远胜过贷款和股东投资。有很多这样的网站：Kickstarter 是第一家，但是如果没有在规定的时间内筹集到目标数量的资金，你就不会收到人们承诺捐赠的一分一厘。还有其他众筹网站可以尝试：Indiegogo.com、FundaGeek.com、或者 awesomefoundation.org。它们都有不同的规定和资金数量要求。创业初期这样的募款方式一定不要错过。

3. **我要有更多的空闲时间。**很不幸，情况不能如你所愿。你将会把几乎所有的时间和精力投入到你的公司。这有点像养育孩子。你的企业需要你持续不断地照顾，有时候甚至会剥夺你的私生活空间。不过你发明的产品就是你的孩子，看着它茁壮成长、蓬勃发展，会带给你难以言喻的快乐。至于额外的工作时间，如果把做生意看作一种乐趣，那么你就不会感觉到自己是在工作了。而且，你完全可以更灵活地安排你的工作时间。

4. **我要迅速致富。**如果你建立企业的目的是快速成为百万富翁，请三思。为了让企业壮大，你刚一赚到钱就要立即投入进去。的确，你有可能赚到很多钱，但是为最终的成功打下牢固的基础需要一个过程。每次给自己一些小小的回报，但是要把购买超级跑车的计划暂且搁置。明智的做法就是保留可观的现金流以备不时之需，而且一旦你的产品畅销起来，山寨产品肯定会跟风而动，维权诉讼可能在所难免。

5. **我应该雇用朋友和亲戚并得到他们的经济支持。**得到同伴、家人或朋友的情感支持很重要。如果他们愿意帮你做一些诸如组装和打包一类枯燥的工作，那很好。实际上，我就举行过几次很棒的装配线派对。大家在一起组装产品很愉快。但是让家人或朋友涉足企业或从他们那里得到经济支持并非好主意，因为你要冒很大的风险：你可能会毁掉与朋友们的友谊或造成长期的家庭矛盾。就像人们所说的，千万不要把钱借给朋友或家人，雇用外人给你工作会更加安全，也能把亲戚朋友间的失望、伤害或者相互指责的可能性降到最低。

6. **如果我想做生意，我就得放弃正常工作。**这完全没必要——实际上，拥有正常工作的收入（以及健康保险）是一件好事。我最初做兼职平面设计师的时候，仍然在全职岗位上班。我与客户见面的地方一般都在本地的咖啡馆或他们的办公室。那段时间生意不错，收入比我全职工作的工资要高好几倍，所以有很大诱惑辞职独立工作。但是我一直在等待，直到我有了需要的设备，与客户建立了稳定的关系，一切运转正常以后，我才辞职。看清形势，找准时机很重要，切不可头脑一热就做出辞职的决定。

7. **我有一些朋友，经常抱怨他们经商的父母或配偶。**很多人对身边从商的亲人抱怨连天，觉得他／她们对家庭不管不顾。确实有不少企业家会将大部分精力放在公司经营上。当你以自己发明的产品为基础建立企业的时候，这个企业就已经成为了你生命的一部分，它的发展如同自己的孩子成长一般。总而言之，只有你自己的品质、热情以及奉献精神才能促使你去创立自己的事业。对我来说，建立企业升华了我的发明创造。当然，一有空闲，我还是会非常关注自己的家庭。

创业普遍存在的问题

创立自己的企业会面临很多问题，以下是对其中一些问题的解答。

1. **我应该建立什么样的企业？** 建立企业有许多不同方式：独资企业、有限责任公司、股份有限公司，以及更多其他形式的企业。在选定你要创建的企业形式之前，最好先咨询一下专业的会计师，擅长商业法的会计师最好，因为每个州都有不同的法律法规和要求。在你企业发展壮大的过程中，你的会计师会给你很多建议。怎样才能找到一位好会计师呢？他人的推荐以及网络上的评论都会给你很多帮助。

大多数时候，你需要办理一个商业银行账户，以及以你的企业名义开设的活期存款账户和信用卡。尽量办理没有最低限额的免费支票账户。

2. **我需要商业计划书吗？** 企业投资人往往期望看到商业计划书，但如果你跟我一样是自己白手起家，或者希望通过众筹筹集资金建立企业的话，那一份引人注目、有说服力的发展计划就可以了。我并不是细节规划的强烈提倡者，更愿意灵活地解决每一个出现的问题。我认为以半年或一年为期限来安排事情，对可能出现的问题找出应对方案，这样做计划更有效果。大型企业往往行动迟缓，需要对未来几年的事情制订周密的计划，而像你自己建立的这种小型企业的优点就在于可以对随时出现的问题做出快速反应，对瞬间即逝的机遇灵活把握。

3. **销售和市场推广怎么做？** 社交媒体可以成为你市场宣传、产品推广和公关事务的大本营。如果你能把社交媒体平台运营得有声有色，吸引很多粉丝的话，那你就不需要进行传统意义上的销售了。

如果你太忙没有时间的话，可以雇用一名销售代表帮忙。你和销售代表需要签署一份简单的合约。销售代表通常会收取销售额的 15% 作为佣金，所以如果你的利润空间太小，那就要考虑雇用销售代表的必要性。现在的店主大都习惯用网络来了解你，登录你的网站，观看你的视频演示，并不需要你亲自跑去商店推销。

4. **我需要投保责任保险吗?** 你应该咨询你的专利代理律师、会计师或者保险代理人，从有名望的保险公司获取产品责任保险的报价。该保险通常按季度收取保险费，每个季度几百美元，具体数额视产品而定。在产品及包装上予以警示也非常重要。例如，塑料袋是我的降落伞狗狗垃圾清理套装的部件，因此我就在包装上写上警告语：切勿滥用塑料袋，小心窒息!

5. **接受付款的方式都有哪些?** 当然，现金总是好的。对于商店订单，只要符合支付条款的要求，用支票付账也不错（通常都是预付款交货，或者在到货三十天以内付款也很普遍）。另外，现在通过网络销售产品已经很普遍，所以设立一个第三方支付账户很重要，而且很便捷。要选择比较大的支付平台，更有安全保障。

6. **我需要雇用员工吗?** 这取决于你企业的规模大小。对小型企业的老板而言，最明智的做法就是在需要的时候雇用兼职人员。你可以在本地报纸上刊登招聘启事，或者通过像 HireMyMom.com、Elance.com 或者 Craigslist.org 等网站发布招聘信息。另外还要确保有书面协议。

7. **你对货物运输有什么建议?** 这是一个不需要动脑筋的事情：信誉良好、历史悠久的美国邮政（U.S.Postal Service）就能提供简单方便的货物运输服务，而且邮寄货物时所需用品都是免费的。你甚至可以让邮政人员到家门口来取货。优先邮件能保证快速投递。如果你的产品与邮局提供的统一费率免费纸盒大小适合，你就可以使用优先邮件方式邮寄货物，而且收费相当合理。

8. **我需要租赁办公室吗?** 在自己家里留一间房当办公室可以减少开支，我们很多人都是这样开始创业的。但有时候在家里工作效率偏低。只要资金允许，在外面设立一间办公室最好。你可以与他人合用一间房，也可以单独使用一间办公室。起初我一般都在本地的星巴克或者图书馆免费办公——也曾使用过我家的地下室和厨房——但最终在市区租赁了一间办公室。至于办公室的陈设，实用、简洁即可，也可以添加些小装饰，别太花哨就行。可以专门开辟一处展示发明产品的区域。另外我的办公室还有一个飞镖靶，在我要做出一些重大决定时它可以帮我减压。办公室并不一定华丽精致，但要有一种正式和专业感，不能太严肃也不能太过休闲，自己喜欢就好。我可以在办公室自由装配我的产品，不用担心孩子们的打扰。有些人喜欢被喧闹所围绕，安静的办公室反而让他们感到孤独，例如，昆汀·塔伦蒂诺（Quentin Tarantino）在一个生意兴隆的馅饼店写出了几部电影剧本；J.K. 罗琳（J.K.Rowling）是在咖啡店里开始创作她的《哈利·波特》（*Harry Potter*）系列小说的。我是喜欢清静一些的环境。现在流行办公"蜂巢"概念，几个人分享一块地方。"波士顿工作吧"就是一个很好的范例，你也可以通过上网搜索看看在你所居住的区域有没有这样的地方。据我所知有一些多人共享的工作区域为人们提供幼儿日托服务。

需要牢记的重点

除雇员和办公室这些事情以外，经营企业还有很多很多事情。切记以下这些重点。

● **无可挑剔的客户服务是关键。**事实上，优秀的客户服务正是使你的企业与众不同的核心所在。几年前，一位妇女给我打电话说她的安全座椅观察镜是有缺陷的，镜子扭曲得厉害，以至于她无法使用，询问我是否可以给她重新寄去一个产品。我很惊讶——也很担心——当我问她发生什么事了，她告诉我镜子在洗碗机里融化了。当我问她为什么镜子会掉进洗碗机的时候，她说她觉得镜子太脏了，想要洗洗。尽管我想："哦，天呐，这个妇女有孩子吗？"但我仍然寄给她一个全新的安全座椅观察镜，并建议她不要在洗碗机里洗这个新观察镜了。从此后，我在产品上又加了一条"清洁办法：用软布擦拭即可"的提示。一位满意的顾客肯定会向别人宣传你给她提供的优秀服务。

我有时候会给那些忠诚的顾客寄去节日卡，向他们道声"谢谢"，或者向他们寄去限量供应的有趣商品，还附带来自我网络上的在线订单——这样我就建立了自己的品牌形象，还与客户们建立了情感联系。而且，只要有客户提问或表示担心什么事情的话，我一定及时反馈。

● **保持井然有序的工作习惯。**大部分人都有自己的一套办法来保持工作有条不紊地进行。我是"便利贴"类型的人，我的一些朋友喜欢把要做的事情详细列成单子，还有人经常把信息储存进他们的手机。方法不重要，最重要的是保持一切都井井有条。

● **跳出固有思维模式。**这里有一个很好的办法：设立一个临时移动售货亭，就像街头路边停放的那些食品卡车一样。你可能需要获得特别许可，因此，咨询一下州和地方官员。一旦你得到了法律许可，在Twitter 或 Facebook 等社交媒体平台发布消息，让人们知道你在哪里销售

产品。同时，采取一些营销策略，例如，对光临你的临时售货亭的第 10
位或第 50 位客户赠送特别礼品等。选择与你的产品相关的一些地方来摆
放你的销售亭（例如，为了销售降落伞狗狗垃圾清理套装，我就去狗狗
主题公园或常有人遛狗散步的地方），或者随意挑选繁华的地方就行。这
种临时移动售货亭形式很新颖，也充满乐趣。我觉得它可以成为一种不
错的商业模式。

● **小而精的直销商业模式。** 如果你通过互联网、临时售货亭或其他
小场地直接向顾客销售产品的话，你就不用花哨的外包装。而且你不用
批发产品，所有利润都归你所有。商品销售渠道的变革最终是朝着有利
于发明者和小型企业的方向发展的——也许将来有一天，人们再也不用
去商店购物。

● **记住，事情一直在变。** 尽管你在自己生产、自己销售，但授权经
营商可能一直在观察你。你的销售量越大，越有机会获得一笔理想的授
权交易。也许正当你集中注意力供应订货的时候，一家公司已经准备好
了一份条件优厚得让你无法拒绝的授权协议。这样的事情就曾经发生在
我身上。建立自己的企业并非意味着你再也不能与授权经营商达成交易。

生产：远方？此地？还是自己动手

提到自己动手生产，你心里会怎么想？对我们大部分人说，我敢保
证你会想到经典的电视剧《我爱露茜》（*I Love Lucy*）中糖果厂里的那段
情节：露茜和埃塞尔在传送带上紧张地工作，发现自己已经落后的时候，
她们害怕极了，把糖果使劲地往自己嘴里塞。我猜每个装配工人可能都
做过这样的噩梦。只要产品部件在你的预算范围内，并且最终产品相对

简单，你就可以自己动手生产，特别是在产品的装配和包装阶段。我自己就是这样，曾在家里设计好了产品装配线，自己动手生产。但是如果你的产品特别复杂，还是找一家合适的制造商吧。

回首那些自己装配产品的日子，我得到了很多乐趣。在孩提时代，我喜欢的玩具大部分都是用来组装制造东西的类型——像配有传送带的玩具饼干工厂、按钮和别针一类东西构成的制造机器（把图形和制造结合到了一起），以及各种各样用融化塑料制作东西的模子。

到了高中，我给一位工程师当助手。我亲眼看到了人们在制图桌上设计，然后带到隔壁机械车间生产的过程。人们绘制的图形在机械车间里变成了产品的零部件，然后就可以装配成最终的产品。整个过程实在是神奇，但我当时并没有意识到这份课余时间的工作后来会给我如此大的帮助！它为我奠定了基础，使我能够把零件装配成产品——相信我，如果一个高中毕业生能够做到这一点，你也一定行。

除了以上这些，再让我们看看其他的生产方式。

海外生产

我们都知道为什么有那么多的产品在美国以外的地方生产：生产成本低，特别是大批量生产的时候。但是个体发明家大多没有外包生产的资源，而且很多时候也不值得大费周折。

我所有的授权产品几乎都是在美国以外的地方生产的，可能是授权经营商出于生产成本的考量吧！总之一切事务全由我的授权经营商处理。以下是我了解到的有关在海外生产产品的一些信息。

■ 你必须大批量生产，费用总额很高，独立发明家一般无力承担。

- 必要的文件堆积成山。大公司有稳定的关系和合作企业，但个体发明家没有。

- 有些国家盗版比较多，保护你的产品免遭知识产权侵害的成本略高。

- 产品外包的整个过程十分复杂。从一开始你就要处理很多错综复杂的事情：预付金、质量控制、海关手续、安全规程以及语言障碍等。总的来说，个体发明者完全应付不来。

- 你确实需要一个代理人或经纪人（或机构），以避免因为某种文件没有准备妥当而使货物运输受困。一定要挑选信誉可靠的人（或机构）。

- 质量控制是与海外生产企业合作时的一个重要问题。我试着预订了一些样品，结果造出来的产品粗劣不堪。只要是以我的名义生产的产品，我希望其质量一定要过关。

有一些网络公司声称可以帮你与海外制造商取得联系，然而我并不喜欢这样的操作模式，因为我觉得他们的承诺有时太过夸大，给人不可靠的感觉，风险太大。

我很早就意识到，海外制造商很难与我在对公司和产品的期许上保持一致，而且一些材料来回递送及往来手续文件的批复就会浪费大量的时间。

国内制造的优势

你可以把产品的制造和装配工作都委托给国内公司。这样做一方面积极响应了政府帮助经济增长的号召，另一方面也有不少自身的优势：

如果你在一家国内公司预订产品零部件，整个过程都是一体化的，组织合理，方便快捷，要价也算合理。

在自己家里或便宜的租赁房里装配产品是最经济的方式。等到你的订单越来越多，你的企业需要发展壮大的时候，再寻找外包企业帮你制造产品也不晚。在起步阶段，自己装配是最节省成本的方式，而且可以自由调整产品。不过这种生产方式仅限于工艺简单而且销量较少的产品。

如何在家里装配产品：自己动手做

如果你决定自己在家里装配产品，以下是我个人的一些建议。

■ 如果你制作过产品原型，那你已经清楚需要什么零部件了，原材料很重要。

■ 只要你知道自己需要哪些零部件，就可以在网上搜罗购买了。现在寻找制造商非常简单：只要键入你要的零部件名称，然后开始搜索，很多符合条件的公司会呈现在你面前。在你下订单之前先联系公司索要一些样品。我在寻找制造安全座椅观察镜的镜片时，我还曾拿储物柜和自行车上使用的镜片做过实验。后来我通过 Thomasnet.com（这个网站是个好地方，你可以找到制作产品原型或实际产品所需零部件的许多制造商）发现了我们本地一家镜片制造商，我可以亲自去拜访。我告诉他们我需要什么，公司寄给我一整套样品。有些镜片太薄，其他的图像失真太严重，但有一款——就像《金发姑娘和三只熊》（*Goldilock's Porridge*）这个童话故事中女主人公要求喝的粥（不凉不烫刚刚好）一样——正好合适。

■ 如果你碰巧需要一个价格不菲的零部件，一定要会创造性地思考问题，找一些合适的替代品来节约成本。当然前提是要足够安全和牢固，不能为了省成本就粗制滥造。

■ 科学技术越来越有助于独立发明家的事业：像 3D 打印机一类的高科技产品价格一直在下降，在家里或本地的车间里制造塑料零部件，未来将会更加便利也更加普及。

■ 体验解决问题的乐趣。尝试使用完全不同的材料，就像爱迪生试验电灯灯丝一样，也许会收获意想不到的惊喜。还记得前面我讲过的用铆钉固定安全座椅观察镜的故事吗？那次不但不用使用粘合剂节约了成本，还收获了铆钉固定方便多向调节的意外之喜！

■ 零部件配齐后，你需要着手解决产品装配中出现的问题。你常常需要发明一种新设备或者改进装配产品的程序，使工作效率更高、更经济。在我得到第一笔大订单的时候，我不得不找到一种一次就能制作出一打安全座椅观察镜的方法。于是我利用在地下室找到的一块木头制作出一种简单高效的设备。给木头上凿好槽沟以便于把镜片放进去，然后使用黑色记号笔在上面标记好每个配件安装的位置。这个新设备非常有效。

■ 如何包装你的产品。对于小产品而言，塑料袋包装是一种经济的选择。同时需要给包装袋里放一张印制好的使用说明。你还可以打印出精美的抬头标签，然后把它钉到塑料袋包装的顶端。Uline.com 网站销售多种型号和厚度的塑料包装袋以及塑封设备，还提供许多货运物料。如果想要更精美的包装，你可以找专业的的艺术设计师或印刷公司帮忙。虽然花费会提高，但是最后的成品肯定拥有更加引人注目的设计，会非常漂亮。如果你的产品要进入大型卖场销售，你需要在产品包装上印制一个通用产品代码（条形码）。在网络上搜索"通用产品代码"就可以查明如何使用。

■ 如果你需要更多帮助，或者你没有时间自己承担手头上的产品装配工作，你该怎么办呢？寻求外界的项目合作，不要雇用员工，你可以尝试一下 TaskRabbit.com 或 Craigslist.com 网站。或者你还可以在本地的职业学校张贴传单：许多在校生或刚毕业的学生都想要练习他们的工作技能，获得在职体验，同时还能赚点小钱。

经营一种产品的企业建立起来以后，你就会了解清楚整个过程的所有环节：你已经形成了工作的可行框架，对于以后发明的任何新产品，你都不用再做重复工作了。

现在到了想办法美化你的产品的时候了。这些额外的卖点会吸引顾客购买你的产品，使你的产品有更长的生命力，而且还能增长产品的销售魅力。请继续往下读！

发明步骤六：
装饰，美化你的产品

有时候你觉得仅仅是锦上添花，可结果却发现竟能喧宾夺主。

——玛格·霍克伍德

你的产品一旦开始投放市场，就可以轻松一下，坐等收钱了。不过对于发明家而言，最糟糕的事情莫过于自满，光是上架销售就心满意足还为时过早。你需要一直保持头脑清醒，思维超前，要时刻注意培养大胆创新的精神，天马行空的想象力，你的产品才会越来越好。本章讨论的就是如何对已经在售的产品增加销售魅力——利用已经证明实力的赢家创造更多的收入渠道，同时保持产品原来的设计。当然我并不是提倡牵强附会地给产品添加装饰，一些失败产品就不要滥用那些眼花缭乱的东西了。

每一种产品都有一定的销售生命周期，给现有的产品添加装饰和附属功能，就等于给它注入了新的生命力。那我们该怎么做呢？

人们为什么购买

在商品标签上打上"最新升级版"通常是能立即引起消费者关注的好方法，这其实并非什么秘密。因为人们厌倦了一成不变的商品，他们想要买新颖的东西，渴望体验新产品带来的乐趣。当我们自掏腰包采购的时候，当然希望能发现这样的新产品。购买行为并非总是满足人们的基本需求；它还会给人们带来权利感和乐趣。这就是为什么你需要保证让自己的产品拥有某种附加价值，正是这种附加价值吸引着人们，使他们年复一年地购买你的产品。

想一想，如果一切商品都删繁就简，仅仅保留其满足人们基本需求的功能，世界将会变得多么单调和无聊。你能想象永无止境地喝燕麦粥，没有肉桂、葡萄干、核桃或其他调味的生活吗？作为发明家，我们也要给自己发明的产品增加一些趣味性和兴奋点，使它们更加有意思，更能给人带来乐趣，更富有吸引力，也更值得人们购买。这样，更多的消费者才会保持对产品的长久需求。

给产品添加装饰、增加附属功能和更新升级的范例不胜枚举。以最普通的购物车为例：一些聪明的发明者在购物车的基本设计中加入了杯架，这样就能保证购物者在商店里一边悠闲地啜几口饮料，一边随意地看看，停留更长的时间，也就增加了他们消费的可能性。再比如钥匙链，它是我们大部分人用来保管各种各样的钥匙的必备用品。如今，钥匙链也在不断推陈出新，于是我们拥有了带微型手电筒、开瓶器、指甲锉、安全口哨或者 USB 储存器的钥匙链。

许多新产品都是在人们简单需求的推动下创造发明出来的。例如，人们想要听到喜欢的歌曲。于是我们发明了录音机，然后进一步改良创造了八轨录音机，再往后是盒式录音机、CD 播放机，mp3 播放器，iPod 等——这一系列不断升级换代发明皆源自人们的基本需求。无论什么时候，只要有某种产品深受公众欢迎并开始流行，发明家们就备感鼓舞，准备发明出另一件更好（或者至少是不相同）的产品。与最新科技同步是一个最大的动机：我们都想成为第一个利用某项技术赚钱的人。想一想那些旧式的玩具娃娃，你拽一下它们身上的绳子，它们就会说话。玩具发明家们最早利用数字录音技术，彻底改变了能说话的玩具娃娃的生产技术。可是现在，这种拉绳说话的方法早已淘汰，成为历史了。

再以咖啡机为例。现在仅仅拥有一台滴滤式咖啡壶完全不够，你必须得买到那些更时髦漂亮的设备，以及与其配套的昂贵的咖啡杯。有人称之为精英消费，但是这种新技术使人有了个性化的口感选择，能够按照自己的需求烹制咖啡，这正是新技术的优势所在。许多汽车可以按照你的要求在线定制：你只需在电脑上选择点击你想要的配件，然后去提车就行了。人们喜欢这种方式生产出来的产品，它使人们想要独具一格的梦想变成了现实。

或者再想想水的变化。没有比水更普通的东西了，但是经过精心策划的广告宣传，人们相信自己应该喝一些名牌瓶装水。现在，市场上有各种类型的瓶装水，添加了不同的口味、维生素以及矿物质，也是为了满足不同人的需求而设计生产的。

市场上还有许多带给人们额外益处的新产品，添加营养元素的瓶装水只是其中之一。比如具有加热功能的汽车座椅，使狗的呼吸显得清新的狗粮，能防晒的化妆品，以及可以美白牙齿的口香糖等等，数不胜数。

给你的产品增加附属功能，使其更具购买价值。这样的功能可以是更实用、更美观、更有乐趣等。总之，把握你的目标受众和潜在客户的消费心理，让产品更加完善或更独特。

时尚、潮流以及名牌

时尚和潮流总是来来去去，不断变化。你还记得人们花大笔的钱买豆豆布偶吗？或者更早以前草头娃娃风靡一时的情景？抑或宠物石？熔岩灯……这就是时尚。裙摆的长短、口红的颜色、甚至狗的种类都可能随着时尚的变化而改变。聪明的设计师靠时尚来赚钱，因为一旦人们拥有的已经足够多，那就不会再有人买任何东西了。设计师就是要创造需求和渴望。

然而，时尚和潮流是有区别的。时尚就像每天的天气，变化很快。我们有时候可以利用昙花一现的时尚赚钱，就像精明的百货商店依靠雨天摆在门口的廉价雨伞也能大赚一笔一样。因此，我们应该实时了解当今的时尚，甚至如果我们足够勇敢和自信的话，我们就可以创造时尚。但我们也必须知道，主流文化的风正吹向何方。潮流就像季节的天气——例如，一个完整的冬季，会持续一段时间的。相对而言，"时尚"更像是一阵突然降临的暴风雪。

聪明的发明家一定要知道当今的潮流。以现在的环保、纯天然、"绿色无污染"潮流为例，如果你能够使用环保材料制作产品，这就是一个显著的卖点，可以在产品包装上的醒目位置标注。让我们再次回到与水和咖啡相关的时尚话题上，人们对环保潮流的关注促使现在大量的不锈钢水瓶取代了过去那些糟糕的塑料水瓶，而陶瓷咖啡杯则淘汰了过去的一次性咖啡杯。

第 15 章
发明步骤六：装饰，美化你的产品

接下来说说名牌。

虽然人们喜欢与众不同，但他们也十分渴望被认同，特别是年轻人。我的一个朋友很节俭，她给孩子们买了普通品牌的食物做午餐，孩子们在学校遭到了同伴的嘲弄。于是她不得不给孩子们买了名牌食物，尽管它们吃起来与那些便宜的食物并没什么不同。

名牌产品具有即时认知因素，它们一方面使人感觉到似乎自己位于时尚的前沿，另一方面又使人有安全感。我的授权经营商给安全座椅观察镜的镜框加上了《芝麻街》（Sesame Street，幼儿教育电视节目）的人物形象。这种装饰改进的创意非常成功，立刻就有很多人订购这款产品。而原来的普通款则销量平平。

人们想要最新、最棒的产品，使自己显得更时髦，更受他人欢迎。当人们说起"创造品牌"的时候，以上所述就阐释了部分的含义。而在第 16 章中，我会告诉你应该怎样去做。每个人都希望自己的品牌具有更高的辨识度，被人尊敬，广受青睐。我们都想创造出受人追捧的漂亮而又新颖的产品。

为产品增加魅力的方法有以下三种。

1. **添加**。我们要为产品添加些什么元素才能使它更具魅力，就像添加在麦片粥里的冻葡萄干一样？给任何产品配上音乐、灯光或声效，常常都会取得不俗的效果。我发明的安全座椅观察镜最后就囊括了前面所说的所有功能。除了已经推向市场的其他版本，这些升级改进过的产品款式也成为赚钱的利器。再以波士顿的加油站为例，他们非常聪明，给加油泵上方安装了电视屏幕。这样一来，在这里加油的人就成了电视广告推广的对象。

2. **改变**。不同颜色、形状以及尺寸大小的产品能够使它们长期受到人们的欢迎。例如，想想苹果公司的 iPod 系列，或者想想成千上万的手机保护壳。再比如假设你的发明包含布料成分，就可以通过经常更换布料的颜色或材质，来使其保持清新、时尚的风格。你还可以在产品更新中融入最新时尚，或者添加一些不同季节特有的元素。

3. **额外用途**。你的产品还有没有其他创新性的使用功能？例如，我的狗狗垃圾清理套装在旅行时还可以用作盛水的碗。在产品中添加额外用途推向市场，就能带来更多的收益，同时也能增加发明者的专利版费。

你已经按照发明创新的六个步骤走到了这里，接下来准备好阅读下一章的内容：为你构建一个合适的在线平台，利用电脑或其他电子设备建立"指挥中心"，在网络上大量销售你的产品。

16

构建在线宣传大本营：
利用社交媒体推动你的产品大卖

唯有连接。

——E.M.福斯特

　　身处网络时代，只要拥有任何电子终端，无论我们置身家中、办公室或在室外，都可以立即与千千万万的人连接起来。现代科技带给我们的便捷是显而易见的。我不能不感叹时代变化真是快啊！使用在线社交媒体对产品进行推广宣传的浪潮还没有到达顶峰。但是，就在你读这段文字的时候，也许就有一两款新的应用或社交软件诞生，帮助你为自己的发明营造声势。本章就是要教授你如何构建适合你的社交媒体平台。依靠这些社交媒体平台来支持你的梦想，推广你发明的产品，使更多人看到它们，欣赏它们。特别提醒：本章仅仅适用于已经得到专利保护的发明。

　　现如今人们在电子产品上花费的时间越来越多，并越来越普遍地使用网络在线购物和交易，同时，网络也变成了我们的娱乐平台。因此，对于任何发明家而言，熟悉本章所讲的六个部分将有助于他们积极融入21世纪的新科技浪潮，新时代就应该使用新方法。

　　从根本上讲，网络世界给你提供了一个绝妙的机会，你不能错过：

在线交易和广告宣传都是商业迅速发展的方向。

新科技看起来似乎让人茫然不知所措，但你不必害怕。记住这一点：使用互联网和社交媒体吸引人们的关注并非什么难事，你不必非得是个高科技专家或者电脑迷。任何人都能做好，而且大多都是免费的。互联网为你全天候工作和服务，它具有魔法般的魅力让人觉得不可思议。你要做的就是耐心地学习如何有效地使用它，多思考，多钻研，运用社交媒体吸引更多的人关注你的发明。你不可能一两天就能掌握——按照适合你的节奏一步一步来。你在社交媒体上所发表的一切言论都要真实可信，不同凡响与真诚会帮助你吸引更多人的青睐。

使用互联网会耗费你很多时间，所以务必平衡你的在线时间和生活的其他方面。虽然一天当中，我一直在查看跟帖回复和电子邮件，但我每天早上只花三十分钟规划当天或者可能第二天要发的帖子。如果我得到了网友评论或有人提问，我努力在二十四小时内回复。但如果当天任何时候发生了有趣的事情，我就会立即分享到所有的社交媒体上。听起来似乎一天当中要做许多事情，但我发现一切都很值得（我还发现了一些捷径：尽管有毁掉手机的风险，但我经常在沐浴时发帖子，更新状态。我们还可以在电脑上设置定时器，以防使用电脑的时间过久）。

当然，现在我们对"社交媒体"都已经很熟悉了。但我觉得，如果你也能像我一样把这些在线服务看作"情感媒体"，也许会对你大有帮助。因为这些网络媒体把我们联系在一起，而我们的社会文化渴望这种相互间的联系。互联网只是一种使用新科技工具把人们联系在一起的新方式。它使我们可以为他人提供优质的客户服务，这种贴心服务现在已经很少见了。个性化关注有助于建立客户忠诚度，而在线媒体工具可以生动地展现交流双方和产品背后的故事。这种交流无疑会触动我们的心灵。随着网络上的故事、歌曲、产品以及发布的帖子不断传播，我们可以看到网络媒体互动的巨大能量正在影响我们，改变并推动着我们向前发展。

对社交媒体普遍的错误观念

未曾使用过社交媒体的人可能无法理解其对发明家及其产品所蕴涵的机遇。以下是我整理的人们对社交媒体的一些普遍误解。

● **社交媒体不是商业工具。** 实际上，社交媒体完全可以成为你最有价值的商业工具。商业运营的各个方面都可以利用社交媒体进行：公关、市场推广、市场调查、产品销售、客户服务以及其他更多的事务。它还能使你精准、快速地找到某人，并与之取得联系。

● **我没有时间学习和使用它。** 你当然可以！别再在那些已经没有多大效果的传统商业经营方法上浪费你宝贵的时间了，花点时间了解网络对你更有帮助。你只需养成习惯，每天都使用它就行了。几乎所有的社交媒体工具都是免费使用的，所以花点时间学学如何利用它进行免费市场推广、免费产品促销以及免费客户联系绝对是明智的选择。许多跨国企业集团和国际知名品牌都在使用社交媒体网络与潜在的和现有的客户进行接触，你为什么不这样做呢？

● **我看不到投资取得巨大回报的可能性。** 正好相反，互联网为你提供了与世界各地人们联系的机会，没有网络你永远都没法接触到那么多人，而且大部分工具都是免费使用的。记住，这种联系会帮你赢得忠诚的客户。想一想客户推荐、销售量、合资企业，全都是基于人际联系

的。例如，出版商就看到了这种价值。在接受并出版你的书稿以前，他
们要确保你有相当规模的在线读者群，以便于你将来能利用这些在线读
者来推广你的新书。你在社交媒体上所做的任何事情都会有助于你的网
络排名的提高。再如，我刚刚接到一个来自伦敦的电话，对方利用谷歌
搜索"发明演说家"，在出现的搜索结果第一页就看到了我。这是因为我
一直在密切关注我在 Youtube 网站上的视频以及我在其他社交媒体上发表
的所有帖子及活动的缘故。

我看过 Facebook 上的帖子和 Twitter 上的微博，坦白地说，我才不
在乎人们知不知道我晚饭吃的是比萨饼还是别的啥。社交媒体上发布的
那些看似琐碎的产品推广内容，其意义远远大于你日常生活中的琐事！
你在让人们了解你，让自己显得更加真实和亲切，也更值得信赖。同时，
网友们也会觉得你很有人情味，更值得交流。

在网络上打造你的品牌

在第 15 章中，我们对"品牌"有了一些了解。实际上，每个人都在
网络上推广自己的"品牌"，无论是有意为之，还是无心之举。因为人们
在社交媒体上所发布的帖子以及所分享的图片就是一种"品牌"，上面发
布的每条信息都会给围观者留下印象。你可以利用网络打造一个值得信
赖的、有吸引力的品牌，帮助你把产品推广到千千万万的网民那里。

品牌以一种情绪化的、潜移默化的方式向人们传递信息。好的品牌
提供给顾客的是一种高品质用户体验。如果一个品牌有魅力，引人关注，
它就会立即被大众识别，为人们熟悉和信赖。

第 16 章
构建在线宣传大本营：利用社交媒体推动你的产品大卖

经过一段时间以后，我决定把我自己的名字作为品牌推广出去。因为我有好几款产品和服务，我想把它们整合到一个品牌之下。如果每一款产品都有一个独立的网站、Twitter 账户、Facebook 主页等社交媒体渠道的话，那将会是一件非常痛苦的事情。而且，我以一个产品开发者、发言人以及顾问的身份推广自己，这样一来，每一种产品就自然归到了我名下。如果你计划开发不止一款产品——这种可能性非常大——那么你就最好考虑一下，把你的公司名称或你个人的名字作为品牌推广出去，这样你就能在一个品牌之下打造多款产品了。

一旦某些产品授权给其他公司运营，他们就会为这些产品建立网站。把所有产品都归到我个人名下的好处就是，当它们被授权给他人经营的时候，我可以把它们从我的网站撤下，而不用担心看起来就好像我破产了一样。

我花了很长时间观察不同的社交媒体平台。我一直在等待，直到我得到了自己想要呈现给他人的形象或品牌之后，我才开始建立自己的社交媒体平台。我特别关注那些经常发布有趣的帖子、拥有很多粉丝的网络名人。我从中发现了一个有趣的现象：他们根本不在网络上强行推销。他们只是经常在网上分享有趣的、有指导意义的信息。我意识到了保持中肯、宽厚的形象的重要性——如果一个帖子向我传递了某种有价值的信息，我自然就想点开作者的资料和网站了解更多的信息。仅仅是网上的几行字就会让我感受到跟对方有了某种联系。有时候，我会在这个人的网站上留下我的电子邮箱地址，这样我就能收到他的消息更新。这也是网站主人希望包括我在内的每一个访问过的人所做的事情。收集人们的电子邮箱地址，而过程又不是太明显，这正是利用社交媒体网络平台最重要的目的之一。每个邮箱的主人都有可能是我们的潜在客户。不定期向邮箱发送推广邮件，不要太频繁。

互联网使得商业运营更富有人情味。有了互联网，你可以倾听人们的声音，对他们的问题提供解决方案，精准锁定你的目标宣传人群，为你的产品和服务提供会员制管理，同时发展壮大你的企业。如果你发布的帖子给人们提供了有价值的信息，他们会把帖子分享给别人，发表评论，或者"点赞"，这样会让你在网络搜索排名的位置提高。这种提高意味着更多的销售机会和更高的传播效率及关注度。从根本上说，只要你提供给人们有趣的或是有益的信息，就有可能在互联网上发展大批粉丝，并最终赢得好声望，成为人们信任的、正直可靠的专家，这些最终都能转化为未来的企业利润。

让我们看看你该如何驾驭互联网的神奇力量，鼓舞更多的人与世界连接。

建立自己的网站

如果你有产品销售，就需要建立自己的网站。过去，人们通过向别人发放名片和宣传小册子来做产品推销。现在，我们也会把自己的网址告知给别人。接下来我要讲的六个方面中只有建立网站这一点是需要付费的。建立网站是必需的，你需要支付域名和托管服务费用。

如何购买域名

登录 networksolutions.com 或者 godaddy.com，键入你想使用的名称查看一下，确保还没有人使用。记住，你可以得到一个免费域名，但任何附加域名都需要至少购买一年的。你只需购以".com"结尾的域名，并非".net"

或 ".org" 结尾的域名。域名要简单。我推荐你购买你的名字为你的主要网站域名（例如，我的网站地址就是 PatriciaNolanBrown.com）。你还可以给你的每一款产品购买一个域名，人们登录这些网址，就会自动跳转到你的主网站。

你为什么需要建立网站呢？主要有以下三个原因。

1. 在现在这个时代，你没有网站就好像没有存在一样。客户和商店采购员们都需要有一个可以了解你及你的产品的途径。

2. 你需要一个地方建立你的网络活动中心，包括销售产品或告知人们在哪里购买你的产品，以及收集顾客的电子邮箱等联系方式。

3. 大部分顾客都会通过搜索引擎在互联网上寻找你及你的产品。所以他们需要在搜索结果中提供相似产品的网站之前找到你及你的产品。这就意味着你的网站需要搜索引擎优化（SEO）。搜索引擎优化的一个组成部分就是关键词。

搜索引擎优化关键词是什么

它是指人们使用搜索引擎在网络上查找具体产品时自然就会用到的词条。如果你在网站上使用这些词汇，那么你的产品及网站就会出现在搜索结果页靠前的位置。

你可以使用普通搜索查找免费的关键词工具，它们可以帮你选择关键词条。在你打开这种工具后，键入你的想法，你就会看到有多少人在网络搜索中会实际使用这些词条。

如果你对竞争对手使用的关键词很好奇，可以登录某一竞争对手的网站，点击你的浏览器上的视图按钮，选择"查看源代码"或"页面信息"，它们就会展现给你这个网站的超文本标记语言（HTML），其关键词条就一一罗列在上面，用逗号隔开。

总的来讲，一个好的网站应该具备以下这几个方面：

➤ 能使人们快速识别你及你的产品，引起人们的注意。

➤ 具有方便用户的使用设计，人人都可以浏览。网络页面一定要有趣，内容不宜繁杂——更不能混乱！你的网站外观以及人们的浏览体验与你的品牌一样重要。

➤ 务必在网站上使用搜索引擎优化关键词。

➤ 网站上有照片和其他可视化资料，人们可以获取有关你及你的产品信息。

➤ 把你的主要信息及选择框设置在折叠线以上的明显位置（滚动条里默认可见区域的上方）。因为百分之八十的浏览者从不向下滚动。正因如此，你一定要使用选项卡而不是长页面引导客户浏览你的网站。

选择框是什么

这是一个短表格，读者可以输入他们的电子邮箱地址，使你跟他们保持信息交流。你可以给他们发送新闻通讯或其他信息。这是一个特别有用的好方法，你可以利用它获取网站浏览者的电子邮箱地址，然后就可以向他们发送电子邮件，推广你的产品。

➤ 在页面上设置"点赞"和"分享"按钮。这样人们就可以表达对你的网站的赞许态度，也可以轻松与朋友们分享。

➤ 在页面右上角设置图表，与你的社交媒体网页链接起来。

➤ 网站上要设有联系表格，便于人们与你联系（人们似乎更喜欢联系表，而不仅仅是一个电子邮箱地址）。

➤ 给访问你网站的人提供一些免费的服务或小礼物：比如一个令人鼓舞的产品报价，免费下载一篇有指导意义的文章，或者作为访客留下电子邮箱地址（这就是选择框的用处）的回报，给他们提供一些特价商品等。这样做也是便于你将来向这些访客留下的邮箱投放宣传广告不至于引起太多反感。

➤ 你的网站还需要有能在智能手机上完美呈现的手机版。大部分网站都有手机版，使用起来都很方便。移动互联网和智能终端的发展让手机版变得不可或缺。

"折叠线"是什么

当你打开一个页面时，屏幕上所能见到的东西都位于"折叠线以上的明显位置"。如果你使用页面侧面的滚动条往下滚动，你所见到的东西就位于"折叠线以下位置"。这种设计源于人们过去读报纸时对叠起来以方便阅读的习惯。

优秀的网站不仅拥有必要的元素，而且还包括以下这些方面：

➤ 刊登着生动有趣、引人入胜的文章；

> 设置"店面"页，提供在线订货服务；

> 网站上的可视化资料不仅信息丰富，而且具有说服力和吸引力，让人印象深刻；

> 包含超短的产品演示视频；

> 设置常见问题（Frequently Asked Questions，FAQ）选项卡。有了这个选项卡，顾客就无需浏览整个网站，直接点击选项卡就可以快速得到问题的答案；

> 优秀网站会有醒目的图案、漂亮的色彩以及丰富的元素来装饰页面，让访客获得美好的浏览体验。"品牌"也就是这样打造起来的——这一点特别重要。

Logo 有什么用

有 logo 最好。因为 logo 看起来很专业，会让网站访客迅速记住你和你的产品。如果你有 logo，可以把它用作你所有社交媒体网站的照片。如果你目前还没有 logo 也没关系，只需运用你的名字或你的产品的名字来着手构建你品牌的用户辨识度即可。

花点时间在网上浏览一下，收藏一些能吸引你的网站。对比一下它们之间的异同。接下来你需要开动脑筋想一想，该用什么词汇来描述你发明的产品？它能够给人们带来什么好处？人们想要知道的就是，你的产品能帮他们做什么。在网站上使用一些照片，还可以为网站拍摄一小段视频，用视频向人们展现产品使用时的情景——人们喜欢观看动态的东西。视频一定要短小精悍，控制在一分钟以内最好。最有价值的视频就是能够展现你的产品是如何工作的视频。你可以使用手机上的应用软件来拍摄，例如 Vine 或 Instagram。在这些应用软件的帮助下，你不仅可以拍摄短视频，还可以把它上传到 YouTube 视频网站，然后再将其嵌入自己的网站。

网页设计也是很重要的步骤。那些设计专家依靠技术赚钱，他们的确应该得到好的回报，因为设计优秀的网站太难了。如果你的预算紧张，你可以尝试在网站设计工具的帮助下自己创建网站。我推荐大家使用一款叫做 Network Solutions 的软件（networksolutions.com），它具有非常人性化的设计，方便用户使用，而且还提供出色的客户服务。这款软件囊括了当前所有最新的网站设计功能和选项。例如，你可以使用它制作调查和民意测验问卷。基于这些调查结果，你就可以改进自己的发明，使它对潜在消费者更具吸引力。

关于网络统计数字的忠告

虽然有公司向用户提供购买网页浏览量、点赞数量以及粉丝数量的服务，但是这种行为被大多数社交媒体用户视为不诚实和不道德的行为。同样的，如果你购买这些虚假数据的话，你可能会被人们看作是骗子，而你优秀的发明则会被当作骗人的东西。培养和吸纳粉丝是需要时间、精力和心思的。诚实做事是最基本的精神，也是对自己、对用户的尊重和赢得粉丝的基石。

在易学易用的工具以及网络主机公司所提供的模板帮助下，你自己就可以创建自己的网站。这些软件公司为你提供全天候 24 小时服务，至少 Network Solutions 这家公司是这样的。自己创建网站的另一个优势就是，你任何时候都可以编辑修改——网站完全由你控制。所以，赶快试试吧！你会从中学到很多东西，整个过程将是你人生中一笔宝贵的财富。

创建网站的目标

➢ 充分使用搜索引擎优化关键词条。

➢ 保持网站内容和信息的实时更新。

➢ 选择可以向人们表达你的工作或描述你想要推广的产品的合适域名。

➢ 在你发给人们的任何宣传品上加上你的网站地址，无论是打印出来的还是数字的宣传资料都行。让人们易于在网络上精准定位你和你的产品。

➢ 给访问你网站的人提供有价值的回报，以便于你利用选择框获得他们的电子邮箱地址。

➢ 创建一个让人难忘的品牌。

➢ 利用网站上的民意调查问卷测试你产品的受欢迎程度，这样你就能获得来自许多潜在客户的有价值的反馈意见。

➢ 在网站上推销你的产品。

博客并未过时

很多人觉得冗长的博客已经过时了，网络上的博文也是参差不齐，日渐衰颓。这样的背景下，短小精悍、可读性强、活泼灵活而又有别于微博的短博客不失为一种宣传的好办法。这种瘦身版的博客会把你与那些对你和你的产品感兴趣的人联系起来。

首先，选择你喜欢的媒介方式：

➤ 一种主要用来写故事的博客；

➤ 带文字说明的图片博客；

➤ 视频博客。

编写具有吸引力的博客是我的重要工作之一。我想要与众不同，而且由于我自己是一个可视化学习者，所以我更喜欢制作视频博客。如果你也喜欢向人们演示而觉得文笔不是很好的话，制作视频博客是个不错的选择。你可以在视频中加入大量有趣的图片和少量的文字说明。人们喜欢观看图片。试用一下免费的图片和视频应用软件 Instagram，它可以让你把精彩的图片和视频分享到所有的社交媒体上，让关注你和你的产品的人都能看到。

很多博客网站给用户提供了各种各样易于使用的模板和免费空间（像 WordPress，Tumblr，或 Blogger.com 等），所以你可以很快学会如何使用。像 WordPress、Tumblr、Blogger 以及其他博客网站还允许用户把他们的博客与他们的 Facebook 个人页面、粉丝页面以及他们的 Twitter 账户链接起来。只需要点击几个按钮，填写简单的表格就可以了。无论什么时候，只要你在博客上发表了什么，这些网站的博客服务就会自动把你的内容分享到其他网站上去——经常还带有简单的摘要。这真的会为你的博客页面带来不少点击量。

撰写博客的目标

➤ 编写有规律的、有新鲜感的博客内容，链接到你的网站，提高你在搜索结果当中的排名。如果你没有什么新主张，引用别人的内容也可以，只要你在博文上注明作者就行。

➤ 给你和你的产品带来新的关注者。

➤ 博客上要设置"点赞"和"分享"按钮，以便于读者转发你的博客内容，从而扩大你博客的读者群。

➤ 搜罗一些与你发布的博客内容类似的博文转载或与博主互动，这样你们就能形成一个推广"联盟"，互推对方的博客，扩大影响力。

➤ 与他人分享有趣或有价值的信息。

➤ 吸引人们订阅你的博客。

➤ 在你的博客页面末尾设置"资源箱"，使用最多三个超链接，将博客的访问量导流到你的网站上。

➤ 加入免费的博客发布网站，像 www.squidoo.com 或者 www.hubpages.com。当你向它们提交博文时，搜索引擎就会把你的博文记录下来。

　　另外，很多托管网站都附属于博客网站，你也可以在那里访问博客模板。如果你的博客得到了网民的广泛关注（通过在网络上交叉推广），甚至会有广告商找上门来。他们会给你付费，购买在你的博客上投放广告的权利。这样一来，你推广自己的博客的同时还得到了报酬。

　　你可以点击博客上的选项卡查看我网站上的（patricianolanbrown.com）视频博客。我喜欢博客。

与 Facebook 交朋友

大多数网民都在使用 Facebook，它帮助我们与朋友和家人保持联系，提醒我们朋友的生日和一些重要活动，为我们提供有趣、刺激且鼓舞人心内容的社交方式。它还能帮我们传播宣传产品的文字。人们往往更信任朋友推荐给他们的产品。Facebook 的能量不可小觑。

因为 Facebook 限制只能拥有 5 000 个好友，所以你要做的第一件事就是给你的公司或产品创建 Facebook 粉丝页面，因为粉丝页面的订阅数量是没有上限的。给你好友名单上的每个人发送电子邮件，告知他们你创建的粉丝页面，请他们订阅并"点赞"。粉丝页面可能会得到"病毒式传播"的效果，使你的信息广泛扩散。这是最便利的让大众了解你的发明创新的途径。在我创建了粉丝页面之后，这里便成为了我分享新消息的最理想平台。粉丝们可以在这里看到我的各种动态：发明家大会的照片、采访报道以及来自我的博客的最新视频。粉丝们喜欢看到我正在忙什么，而 Facebook 是他们了解这些情况的最快的途径。

你可以给订阅你粉丝页面的用户提供产品优惠券、折扣码、举行竞赛以及其他形式的奖励作为回报。周末一定要发布大量的帖子，与粉丝互动。

使用 Facebook 页面的目标

> 为你和你的产品创建 Facebook 页面，吸引人们的关注，分享有价值的信息，并让人们了解你的动态。

> 经常发布帖子，保持信息的相关性。

> ➤ 多使用照片——人们喜欢看具体的图像。

> ➤ 给你的商务页面选择合适的封面照片。它可以是你的品牌 logo，也可以是你的产品照片。

> ➤ 尽可能多地加朋友，多互动，对别人的帖子发表评论。

> ➤ 提出开放性问题，让公众参与进来并发表评论。

> ➤ 别忘了在 Facebook 网页设置易于找到的链接，方便人们访问你的网站。

YouTube 视频网站

YouTube 视频网站是一个免费上传和编辑视频的优质平台。你不需要投资购买昂贵的设备，用你手机就可以拍摄一段不错的视频。你可以创建你的 YouTube 频道，当累积到一定数量的订阅用户，也能吸引付费投放广告的广告商以及源源不断的订阅者。甚至"亚马逊土耳其机器人"（Amazon Mechanical Turk，www.mturk.com）可能会转录你的视频，这样你就能把它以文字博客的方式发布出去。这种博客更易于被搜索引擎发现。

当你制作好视频，上传到 YouTube 网站以后，你可以把它分享给任何想要看到你的产品的人，或者以隐私视频方式上传到该网站，仅仅分享给与你签署了保密协议的客户。比如说，你与很多从事新产品提交的公司有业务往来。你只需要把你的网上视频链接发送给他们就行了。这个功能简直太方便了！

有这样一个把日常视频搏客变成大生意的经典案例：加里·维纳查

克（Gary Vaynerchuk）的视频博客"葡萄酒图书馆电视"（Wine Library TV）使他成为了网络传奇人物。他在 YouTube 网站有很多视频，但你应该特别找一下他讲述如何在互联网上构建个人品牌的视频看看（警告：他使用的是一些成人语言）。然后再在 YouTube 网站搜寻他在 2011 年世界 500 强企业研讨会上的主旨演讲，听听他对于如何创建自己的品牌以及社交媒体对于推广和销售产品有着多么重要的价值等问题的高见。

拍摄与分享 YouTube 视频的目标

➤ 制作既有趣又有益的视频，让人们看到你的产品，了解其使用方法以及它能带给人们的好处。

➤ 每个视频包含尽可能多的信息。网站会要求你给视频添加标签，切记使用恰当的搜索关键词和词组。

➤ 在"视频说明"标签下首先留下你的网站地址，一定要使用 http://www.notjust.com 这种形式。这会有助于你在搜索引擎结果页得到合适的排名。

➤ 把你的视频嵌入你的网站和博客。点击鼠标，复制 YouTube 网站提供的独特嵌入代码就行了，非常简单方便。

➤ 把你的视频和产品推销链接起来。在你发给人们的任何文件当中写上观看你视频的地址，无论是纸质版还是电子版。同时也分享到你所有的社交媒体网站。

➤ 使用视频分享网站，像 www.tubemogul.com，特别是制作视频博客的时候。同时把你拍摄的视频发布到多个网站。

➤ 你可以使用在线的视频分享应用软件像 Vine 或 Instagram 制作短小的视频，然后上传到 YouTube 网站。

你难道不想当一次电影导演吗？我父亲有一台超 8 照相机，在我们全家外出滑雪及进行其他活动时，爸爸会用它来拍摄家庭电影。童年时，我对动画片《冈比》（Gumby）的主人公"冈比"特别喜欢，于是就使用爸爸的照相机和朋友一起拍摄我们自己的泥塑动画片。那是我一生度过的最美好的时光。拍摄自己的视频是一件有趣的事情，同时也是让人们了解你及你的发明最轻松愉快的方式。

Twitter：短小而甜蜜

莎士比亚说得对，"简洁是智慧的灵魂"。Twitter 风靡全美即是最有力的证明。谁会知道，有这么多人可以在短短 140 个字的限制下编写出那么智慧有趣的文章。Twitter 就像糖果一样有趣，几乎让人上瘾。同时，它也是神奇的商务工具，可以引导人们回到你的网站或博客上去。你必须记住两条原则：

1. 推文要写得合理而有智慧：140 个字的限制要求你的文字必须有趣、直接，没有废话；

2. 最重要的是，不要过于明显地推销商品。没有人喜欢鲨鱼般的自我推销，特别是在 Twitter 上。记住，利用 Twitter 进行产品推销绝不是强迫推销术，它需要你用心拉近人与人之间的关系。因此，一定要让你的推文读起来有趣味，富有教育意义，独特而抢眼。

尽管我喜欢向人们推销我的降落伞狗狗垃圾清理套装，但我绝不会直截了当地说："买我的狗便清理产品吧！"我也许会发送一条逗人开心的 Twitter，引导人们阅读我博客上的一则有趣的故事：有一次，我们使用杂货店发的塑料袋清理我家宠物狗的粪便，但它却从缝合处裂开。我丈夫拉着狗的皮带，塑料袋和狗便就都洒在了他的鞋上（那时候我在想："应该有人发明一种更好的清理狗便的设备。"最终我自己发明了出来）。就这样，我利用 Twitter 把读者引导至我的博客和网站上。

你可以在 Twitter 上分享有意思的文章链接或网站链接——互联网上有许多精彩美妙的东西可以通过 Twitter 分享。当然，在分享的链接前一定要加上一些评论，因为没有任何评论而发布的链接不仅让人感觉粗鲁无礼，而且你的账户也有可能被其他用户看作是垃圾账户——或者认为你的账户已经被黑客攻击的不安全账户（通常如果是一个遭黑客攻击的账户或者垃圾账户，那么该账户所分享的网站链接就会把用户导向一个发送病毒或入侵他人账户的网站）。

例如，最近我在 StumbleUpon 网站上看到了一个讲述有关日本狗屎彩票的故事，我通过一种辛辣刺激的方式将该故事与我的降落伞狗狗垃圾清理套装结合起来进行宣传。另外，我还一直在密切关注最近社交媒体上有关狗便的热点话题，据说狗便是危险物，及时清理狗便以避免污染地下水的重要性被一再强调。这些话题所讨论的内容，包括最近极为狂热的狗狗步行马拉松比赛，都属于我近期日程上关注的重点。但大部分时候，我尽量使自己发表的推文与它们撇清关系。因为我心里一直记着 Twitter 上的文字应该是有启迪和鼓舞人心的作用，同时还应是充满智慧，绝不应该传播令人讨厌的不满情绪。

有的人仅仅把 Twitter 作为实时客户服务的工具，还作为一种即时、便捷的解决顾客问题、满足客户需求的方式。你还可以在 Twitter 上看到人们对你及你的竞争对手的评价。例如，如果我想查看人们对我及我的产品的看法，我就在 Twitter 的搜索栏里输入 "PatriciaNolanBrown"，然后马上就可以看到任何人对我或我的产品发表的任何评论。我还可以输入我竞争对手的名字，查看相关评论。这是了解用户体验并与之互动的好办法。

什么是主题标签

　　主题标签是 Twitter 中在一个单词或短语前使用的符号 #（井字号）。主题标签是一种链接，使得人们能够在 Twitter 上寻找同一主题的推文。例如，我经常在 Twitter 中使用"# 狗"，这就意味着世界上所有在 Twitter 中使用"# 狗"的人都处于一个讨论与狗相关话题的特定社区。于是这些社区中的人都是我的目标客户。主题标签使我们能够循着共同兴趣的线索找到特定社区和人群，加入他们的讨论。主题标签也可以在其他方面对我们提供帮助。主题标签也广泛使用在其他网络上，像 Facebook、Vine 以及 Instagram 等。主题标签既可以扩大你的社区，也能使你和你的产品广受关注。

　　Twitter 的转发量是我们努力的目标——当有人非常喜欢你的推文时，他会把你的信息转发给他所有的粉丝。如果有人这样做，那就是对你最好的认可和支持，能使你的关注度迅速上升。一般来看，人们大多转发的 Twitter 是励志名言。

　　盖伊·川崎（Guy Kawasaki）是一个 Twitter 高手。他在 Twitter 上跟人们分享精彩的文章——例如，如何制作美味的咖啡——而且经常使用醒目的信息图表。他所发表的有关如何做个成功的 Twitter 用户的博客非常有教育意义。

　　人人都喜欢乐趣。如果你的推文又有趣又有意义，就会为你赢得很多粉丝。随着粉丝数量的增长，你构建客户群和客户忠诚度的机会也随之增大。同时，你也会与粉丝建立良好的感情和友谊。这一切都依赖于不到 140 个字的 Twitter。

使用 Twitter 的目标

➢ 获得 Twitter 粉丝。你需要和其他 Twitter 用户建立友好关系，彼此互相关注，那样你只要发表推文，他们就会自动收到。

➢ 经常发表机智有趣的推文，让更多人关注你的 Twitter 和你——但千万不要在推文中进行明显的商品推销。你可以在一些推文中加入你的网站链接。

➢ 激发读者对你的兴趣，他们就会查看你的 Twitter 资料，了解你的动态。而你的真正目的是让读者访问你的网站，并最终成为你的客户。

➢ 确保你的 Twitter 资料中有你的网站链接。

➢ 树立你在 Twitter 用户中的声望，成为人们信任的有益信息的来源。人们将会关注你并盼望看到你发表的推文。

➢ 使用主题标签吸引人们的注意力，成为某个讨论话题中的一员，切记一篇推文中使用的主题标签不能多于两个或三个。

➢ 使用"#发现"寻找爆炸新闻、热点话题以及潮流动向。你也许会从这些消息中获得发明创造或宣传推广的灵感。

连接 LinkedIn

　　LinkedIn 是一群具有创新精神的思想家的杰出创造。他们想要打造一个专业人士相互联系的在线平台——一种类似于 Facebook 的职业社交网站。不同之处在于，Facebook 是以朋友和家人为基础的社交媒体网站。而 LinkedIn 在全球拥有数百万会员，是扩大你的人脉资源的绝佳途径。你在该网站可以快速找到你需要的联系人，因为这是商务人士聚集的地方。而且，你还可以利用该网站搜集重要商务联系人的有价值信息，例如他们的教育背景、职业兴趣、专业团体的会员身份、共同利益、相互间的联系以及其他更多的资料。而且，你在这里还可以查出你的重要联系人是否与你有共同的朋友。跟朋友的朋友做生意一直是人们比较喜欢的一种合作方式。

　　在过去没有类似网站的时代，信息对接的方式简直糟透了。我想要联系商店采购员，首先得突破公司行政助理或类似工作人员这一关。公司戒备森严，他们层层围挡，我很难有机会跟这些重要决策人说上话。即便我真的设法联系上了公司的某位重要人士，我也不得不长途奔波去与他会面——而且这样开销很大。现在，我可以使用 LinkedIn 查到最新的各公司采购员名单以及他们的联系方式。我再也不用长途奔波，只需在互联网上跟他们联系即可，而且一分钱都不用花。例如，如果你想与某家商店合作，你可以通过 LinkedIn 查找这家商店。在搜索栏里输入商店的名称和单词"采购员"，该商店的采购员名单马上就会出现在你的电脑屏幕上。找到你的产品所在商品目录及其负责采购工作的采购员（比如，我会搜索一家宠物店，集中注意力在负责宠物垃圾清理类商品采购工作的采购员身上）。如果你知道了该采购员的全名，你可以通过他／她的公司网站找到其联系信息，包括个人 Facebook 页面或任何有关该采购员的文章。如果你没有得到全名——有些名单上只列出了姓名中的第一个字和姓的首字母——你可以跟该商店联系，通过你已经知道的名字的一部分及其所在的部门跟他 / 她取得联系。如果你在查找授权经营商，过程也是如此。只不过在搜索时输入"分类搜索"（而不是商店名称），其后输入"授权经营商"而不是"采购员"。LinkedIn 还是你请求专家评点产品、向人们展示专业推荐、客户评价以及用户个人赞誉的绝佳平台。

使用 LinkedIn 的目标

➢ 建立你自己的 LinkedIn 页面。如果你在寻找授权经营商或商店采购员，你可以在网页上标明。

➢ 建立和丰富自己的人际关系。

➢ 为你的产品找到目标采购员、授权经营商及客户。

➢ 成为志同道合的在线社区的一员。

➢ 加入多个专业群，它们会让你拥有更多重要的联系人——而且基本都是免费的。

➢ 得到所在领域专家们的好评，并把对你和你的产品非常满意的客户的赞誉发布在网页上。

LinkedIn 就像一个国际商会，把你和所有你需要的专业人士联系在一起。

在互联网上做广告

互联网已经彻底改变了市场营销的方式。现在，可能会有广告商跟踪收集你的网络活动数据，以此判断你的个人喜好、购物内容和搜索模式。虽然有人会感觉被人暗中监视或隐私遭人侵犯，但我更愿意把这种事情看作拥有了一个私人购物顾问：是啊，竟然有人知道我的喜好！这样总比在用餐时间有人打电话或者敲门，向我兜售根本不感兴趣的商品。

强行推销的日子已经一去不复返了，这的确是个好消息。你再也不用一意孤行地向人推销你的产品了。在互联网环境下，你可以通过与人们建立友好关系，通过给予他们贴心照顾的方式引导他们关注你的产品。然后，他们自然会变成你的客户，或许他们还会把你推荐给他们认识的人。

你可以在 Facebook 上给你的产品买一些相对便宜而有效的广告。这种在线广告的优势在于，它是以目标人群为受众精准定向投放的。例如，我可以购买一个广告，定向投放到养狗的 Facebook 用户网页。Facebook 替你做完整的调查。你还可以购买广告在 Twitter 和 LinkedIn 上投放。

你也许还想尝试一下附属广告项目，方法很简单。在你的网站设置一条链接，把访客导向销售相关产品的网站就可以了。如果有人点击该链接进入相关网站，并在该网站购物，你就会得到一笔佣金。佣金多少随广告项目不同而变化。网络托管网站（如 GoDaddy.com）以及其他网站都提供这种广告项目。

另一个可供利用的方法是举行在线论坛或在线研讨会，与网友分享你的故事或专业知识，为你的产品吸引更多的关注者。你可以查看一下GoToWebinar.com 或 Spreecast.com，学习如何举行在线研讨会。在你举行研讨会之前，不要忘了利用所有社交媒体进行宣传。

你还应该使用从你的网站收集到的电子邮箱地址建立自动电子邮件广告，或者通过像 iContact.com 或 ConstantContact.com 这样的网站发送电子邮件广告。其费用相对较低。

管理你的网络活动

现在你有了自己的网站、Facebook 页面、博客以及 YouTube 频道，而且你已经建立了 Twitter 和 LinkedIn 账户，那么你要确保发出的每一封电子邮件或纸质印刷品里都包括这些地址信息，而且务必进行交叉推销——当你在一个网络平台发布消息的时候，同时也要分享到其他社交媒体上。这样，你发表的信息就会随着媒体的交叉宣传不断传播下去。

在管理不同的社交媒体时，我发现 HootSuite 网站特别有用。如果我必须在每一个单独的社交媒体网站上传或发帖子，也许我很快就被逼疯了！但是 HootSuite 网可以为我把一切安排得非常妥帖。

可能你还想涉足很多其他的网络媒体来打造自己的商务宣传平台，这要取决于你的产品及其目标受众。你可以尝试使用一下"Google +"和"Pinterest"，也可以访问任何其他你的潜在客户可能聚集的网络媒体平台。

现在，是时候提供一些节省时间、保持头脑清醒的建议了。它们将有助于你享受健康、快乐的发明家的生活。快看下一章！

17

享受发明家生涯：
用健康快乐的心态去发明

> 幸福在于取得成就时的喜悦以及创造所产生的
> 激情。
>
> ——富兰克林·罗斯福

　　本章可以助你成为最有趣也是最快乐的发明家。这些经验之谈都是历经时间考验的，也是我个人十分认可的方法，相信会帮你充分享受自己的发明生活，在发明创造的繁杂中保持头脑清醒。如果你感觉身体被掏空，不妨来看看这些建议，或许你能找回让心态重归平衡的动力与激情。

创造你的生活

　　下面所讲的这些原则不仅有助于你搞发明，而且也有利于创造你的生活。

　　例如，当我想到我的婚姻和家庭的时候，我会渐渐明白：婚姻与家庭也同样需要我们在本书开始时所提到的成功的六个要素。有了它们，婚姻之树才会健康成长，家庭之舟方可一帆风顺——至少到目前我是如此认为的。

● **好奇心**。七年级时，我对遇到的一个男生特别好奇。他名叫汤姆，人非常有趣，总是能逗我笑，非常可爱。在随后几年里，尽管我一直很关注他，但我始终认为自己并不是他的菜。

● **勇气**。舞会季到了，我和好朋友都鼓起勇气与倾心已久的男生约会。我决定给汤姆打个电话，这是我第一次主动给他打电话。打电话之前，我甚至还先给另一个男生打电话练习了一番，但后来听说汤姆已经跟别人约好了。

● **声音**。我的心跳得很厉害，但我做成了——我把自己的意愿说了出来——当汤姆接受我的邀请时，我既惊讶又兴奋。大学时我们分别与不同的人约会过，但我们总是一起回去。最后我们结婚了，如今已有了三个女儿。

● **力量**。真的，正是女儿激发了我发明创造的灵感，也促使我创建了自己的企业。照顾家庭和经营企业花费了我很大精力，但是这些工作又反过来让我能量充沛。

● **滋养**。任何与别人有过合作关系的人都知道，要保持融洽的关系需要精心的维护。婚姻与家庭和谐地维系也是如此。如果再有了孩子，情况就更复杂了，需要更加尽心竭力才能保证家庭幸福。

● **坚韧**。大部分成功的家庭中，夫妻双方都是坚忍不拔的人。当出现危机，遭遇窘境时，家庭成员都能坚持不懈，化解危机。

如果我当初没有把握机会，没有给汤姆打电话，结果会怎样呢？回顾过去，我才明白，对我来说，不仅成功的六要素很重要，而且发明创造的六个步骤也同样重要。我在创造我的生活过程中也用到了它们。我思考过我们的关系与生活，也将我的想法付诸于实践；我用心保护我们的家庭，也努力将它变得更幸福；我积极创造快乐生活，更希望把生活装点得更加精彩美妙。由此可见，创造快乐生活并非易事，在这个过程中，我们要投入很多。

说干就干

如果你对某事心生好奇，或者你想要采取行动，那就立刻去做！不要担心失败。失败了又能怎样？至少你不会在惨淡抑郁的懊悔中思量：如果我当初做了结果会怎样？有些投资者甚至不会给那些没有经历过失败的企业家投资一分钱。原因就是，没有面对过挫折，怎么能证明他们有坚忍乐观的性格？

不要想得太多

如果你坐下来思考的时间太久，那你可能就会失去好机会。做好准备工作，深呼吸，然后大胆尝试。记住，专利法中规定的"先申请原则"和"市场首入者"原则（在同等条件下，任何首先来商店推销产品的人得到订单）意味着早起的鸟儿有食吃。所以，不要延误，赶快行动。

吸引力法则的确有用

如果你心胸开阔，具有积极正面的想象力，充满正能量，你会因为有很多有趣的事发生在你的生活里而感到惊讶和欣喜。吸引力法则几乎已成为新时代的格言。的确如此，我自己就是一个很好的证明。正因为我心态积极开放，所有那些好事情都"碰巧"发生在了我身上，简直令人难以置信。

重构你的语言

如果你总是告诉自己"我不行"，那么它就会变成自我实现的预言。告诉自己"我能行"。实际上，我们所有人都可以改变自己的心态，勇夺人生的"金牌"。即便那些总是认为自己太老、太穷或者太蠢笨的人——或者不管怎样都认为自己不行的人——都不妨一试。

像年轻人一样思考

总体而言，我觉得发明家们都具有一种好奇和探究精神。大部分人把这两种品格与童年联系在一起。如果你决定全力以赴搞发明，发挥你内心儿童般的好奇心和探究精神，你就会发现生活中有很多乐趣，迸发出很多奇思妙想。

做一个让人不可思议的人

世界上最成功、最富有创新精神的人在其生命的某个阶段都曾经被人称为"怪物"，更甚者被称为"疯子"。如果有人这样叫你，请把它当作一种赞美。如果你也被人这样说，你一定要对他说声"谢谢！"正是那些被视作怪物与疯子的人改变了这个世界。

最重要的人生准则

如果你喜欢正在做的事情，或者你做的就是你喜欢的事情，生活就会像绽放的烟花一样美。如果你讨厌你正在做的事情，你就应该立即停止，去做半个小时有趣的事情——或者一辈子做有趣的事情。

相信陌生人的善良

在持续进行发明创造的过程中你会发现，大部分人都是友好而乐于助人的——他们很高兴遇到一位真的、活生生的发明家。例如，我去本地的干洗店，问他们是否有多余的硬纸板供我做试验，因为我喜欢干洗店在硬纸板上折叠衬衣的方式。店主给了我几张让我试验，后来竟然给了我几箱硬纸板，数量高达几百个。而且她还不让我付钱。我最终发现这种硬纸板的尺寸和形状非常完美，很适合包装我的婴儿背带玩具帽边。于是我根据需求从制造商那里订购了很多。虽然保护自己的发明创意是十分必要且非常重要的，但也不用把所有人都看作是心怀不轨的人，大部分陌生人都是善良和热心的。

相信他人的善良

在持续进行发明创造的过程中，你会发现大部分人都是友善的。当你的发明创造获得了专利保护，你就完全可以放松精神，充分相信周围的人和合作伙伴。

记住：这是一个好时代

我们很幸运生活在这样一个国家和时代。国家鼓励每个人努力实现自己的梦想。整个国家都建立在所有这些小企业之上，使它们成为国家的脊梁。并且到处都是机遇，只要把握这些机遇就能创造传奇人生。对于发明家而言，没有比现在更美好的时代了。

留足积蓄

别忘了为你未来退休留一笔积蓄。也许你觉得那一天还遥遥无期，但请相信我，终究有一天你会放下所有的工作。留好积蓄以备将来不时之需总归是件好事。

专家，伪专家

不要被某位专家的观点吓倒。专家的观点仅仅是他们对事实的解读。我雇用的专家没有一个人是绝对正确的，你的直觉往往更重要——也更可信——远远胜过"最聪明"的专家。

正确看待失败和阻力

记住，这只是生意。即便你经历了多次失败也不用悲观。重新站起来，拍拍身上的灰尘，再尝试新的途径。不要因为缺乏经验而停滞，也不要因为有人说风凉话就裹足不前。遇到障碍，迎难而上；如果实在困难重重，也不要固执，换个思路也许就能走出困境。

为自己骄傲

在大商场里四处走走，看到一个巨幅橱窗广告，上面赫然印着你所发明的产品——再也没有比这更让人高兴的事了！相信我，这样美好的事情既然能发生在我身上，同样也会发生在你身上。

数字也会撒谎

太过于看重数据真的会阻碍你的发展。理想的运气和数据是可以被创造的。你一定能克服困难，获得成功。

创建属于自己公司的乐趣

你可以穿着睡衣工作——如果你喜欢，你也可以穿着时髦华丽的服装工作。不用经历通勤之苦，也没有老板逼你。你不用烦心办公室政治，也不需要把孩子留在日间托儿所。想喝咖啡时你就沏一杯，工作计划全由你自己安排（有意思的是，我比任何每周工作 40 个小时的办公室工作人员更加努力，工作时间更长。但我如此热爱着自己的工作，感觉似乎并不辛苦。而且，我们一直明白我们是在为自己工作，不是替人打工。这种意识对我们的激励，没有什么能够与之匹敌）。另外，没有什么比自己做主安排自己的时间和生活更让人满足了。谈起自己心爱的工作，兴奋之情溢于言表，你的家人也不用倾听你对一整天糟糕的工作和疯狂的老板的抱怨。而且，你也可以让你生命中的重要人物参与到你的工作中来。

驾驭事业的风浪

发明家的生活充满了起伏，从获得一大笔订单的狂喜到经历亏损时的失望。学会驾驭事业发展过程当中的不确定性波动，不要让大风大浪把你吞没。这其中的秘诀在于，时刻保持警惕，性格要开朗，态度要积极。

赋予创业的热情

为什么？因为绝对没有什么可以取代对事业的一腔热情。正是这种热情启动了你创业的引擎，并给它提供了源源不断的动力。

什么是你送给世界的礼物

这本书以及我的所有发明是我送给你们的礼物。我希望我的读者们，还有我最爱的孩子们记住，你可以创造自己的生活，追求你的梦想。你将来想给这个世界留下些什么？你希望人们如何记住你？这些你是可以自己选择的。不要找什么借口，勇敢去想，努力去做。

与人互动

发明家的生活因为人际交往互动而丰富多彩：你肯定不想当一个蓬头垢面的怪物，躲进与世隔绝的小天地里搞发明。孤立于世是不健康的（正因为如此，我喜欢参加贸易展览会，发表演说，向人们提供咨询，这些是健康社交的好机会）。你要走出去与人互动，一切都靠你自己。

加强锻炼

整天坐在书桌前不利于身体健康。早晨喝过一两杯咖啡，然后去健身房锻炼，或者在你接孩子放学之后去锻炼（如果你需要接孩子的话）。你会发现在跑步机上锻炼半个小时，听听音乐，或者哪怕是花点时间开小差，都会让你头脑清醒很多。你还可以尝试不用椅子，坐在健身球上工作，或者在跑步机上工作，抑或改用立式办公桌。

吸取"塔米克时间"的教训

"塔米克时间"（Tamika Time）是我们家人之间常用的一句口头禅。有一次，我和女儿泰勒去参加一次主题演讲活动（我是演讲者），但是时间很紧张，我们只好到路边附近的一家商店里买快餐吃。收银员名叫塔米克，愿上帝保佑她，她实在是太慢太慢了。她不知道如何把泰勒的优惠券计入收款机（泰勒是一个可以享受优惠的大学生）。随后叫来了经理，他们甚至发生了争吵。时间在一分一秒地流逝，我都快要急疯了。最后塔米克终于搞清楚了，但是我们不得不一路快跑去参加活动。这件事情的教训我们一直记着，那就是一定要为你的约定预留充分的"塔米克时间"。为什么？因为你总有可能遇到糟糕的人或事。生活本就如此。

培养信任感

只要你还在工作，你就要培养一种类似道家的智慧。大胆放手，相信事情一定会取得该有的结果。当你秉承开放心态、好奇心和一种"天哪，我很好奇这件事能教会我什么？"这样的心态去看待生活的时候，你也许会像我一样，发现好运气频频降临。而且，这也为伟大想象力的展开创造了自由的空间（我敢保证，这必定超越了你我本身的想象力），绝妙的灵感自然会在你的脑海闪现。

小心谨慎

不必为了实现你的发明梦想而卖掉你的全部家当。一定要理智地看待问题。发明家很容易通过隧道式视野（注意力集中于某一特定目标而忽视周围的事物）看待自己的发明，但不要孤注一掷。请谨慎保护好自己。

税务减免

在美国，作为发明家，你可以享有多项税收减免的优惠待遇，不用感到惊讶。请你的会计师帮忙查看一下，依照法律你可以享受哪些税务减免。

把恐惧转化成你的事业

据说因为托马斯·爱迪生怕黑，所以才发明了电灯泡。我担心不能及时看到坐在后向儿童安全座椅里的小女儿有麻烦，所以才发明了后向儿童安全座椅观察镜。恐惧可以变成强大动力，助你找到出色的解决方案。

道德的重要性

没有道德感的人自己都厌恶自己。一定要作风正派，诚实做事。这样你就会有良好的自我感觉，同时博得人人信赖的好名声。

保持头脑灵活

没有什么能像生活中的一点小刺激那样提升人的创造力了。

➤ 有时候去图书馆，随意抽出一本杂志或书翻看。看到的东西往往让我的大脑运转如飞。我发现这种经验和技巧对我来说大有裨益。

➤ 我喜欢去商店，研究摆放在货架端上的商品——仅仅是因为好玩。

➤ 我从关注平常生活中的琐碎细节中获得了巨大启发。例如，你有没有注意过饭馆或酒店的门把手？看看红辣椒烤肉餐厅（Chili's）的门把手，它们简直就是艺术品——这也是品牌推广的一个经典范例。这个餐饮公司处处向顾客传递的都是他们品牌化的消费体验。

➢ 访问一个 LinkedIn 群，看看谁在"说话"。

➢ 凝视窗外，让思绪游荡，甚至可以聚焦于树皮或树叶。

➢ 有时候，宗教仪式或祈祷可以让你心灵沉静，灵感悄然降临。

➢ 对事物的制作方法充满好奇心。不妨看看你的鞋子或手提包，想想它们是怎样制作出来的？思考事物的制作方法会让你的思维更加开阔。

➢ 摆脱你的日常工作，休息几天时间。关掉手机和其他电子产品，看看你会产生什么美妙的想法。

做你自己

你不是你的父母、兄弟姐妹或者孩子。你是你自己，一个拥有奇妙创意、思想和梦想的独立的个体。你不必给任何人留下印象，除了你自己。你拥有自己的智慧。所以从这一刻起，相信你自己，自己动手去做，不要害怕，学会坚强。培育你的梦想。没有人能够真正预测什么产品会畅销，什么产品会无人问津。你完全有理由相信，也许你发明的产品可以为你赢得百万美元的利润。但最重要的是，你喜欢做你自己，并且从自己喜欢的事情中获得乐趣。

结语：
你一定能成功

在通往真理的道路上，人只会犯两种错误：一种是没有坚持走到最后，另一种是从来未曾开始过。

——佛陀

大部分人都想过一种正直、诚恳、忠于自我的生活。身为发明家，因为热爱发明，因此创造新事物、想出新点子或新产品、积极地改变世界对你来说就是最理想的生活了。在你进行发明创造的过程中，你一定会非常快乐——这是一种达到与真实自我保持平衡的快乐。你害怕吗？当然会！值得吗？绝对值得！别忘了，世界一直都在发明和创造。

成功人士的光鲜与成就不是随便取得的。也许你认为他们只是幸运，走时气，但你并不了解他们背后的努力与心酸。他们中有些人童年时曾遭虐待，有些人正经历着屈辱的婚姻，有些人是在居住的汽车车厢里开始跨出事业的第一步，还有些人在事业成功前经历过两三次的失败。你会很惊讶有那么多大企业领袖正在与各种疾病和复杂的问题作斗争（抑郁、注意力不集中症、强迫性神经官能症等），而且他们在学生时代曾一直遭到同学们的戏弄和嘲讽。很多发明家也曾因为年龄或性格而在事业开创初期备受社会怀疑和打击。

不管他们有多少不尽如人意，都表现出一个共同之处，那就是强烈的进取心。在身处逆境时，他们都能运用自己的智慧和意志奋斗到底，然后用努力之光照亮未知的前路。这不是什么特殊或稀有的品质，他们能做到，你也一定能行。

害怕失败是许多人不敢展翅高飞的原因。整天为那些让你厌恶的老板干着出力不讨好的工作，仅仅因为我们没有勇气尝试自己去创业。但是正如许多人所发现的，即便是最"保险"的工作，也有可能一眨眼工夫就没了。唯一真正的工作保障是你自己的想象力、勇气以及你渴望成功的动力。

我们都听说过，千里之行始于足下。现在就是你出发的时刻。在你摩拳擦掌的同时，请想一想在本书中学到的那些原则和方法。下面是一个小测试，可以帮你把本书所讲的东西归结浓缩成精华，在你的发明创新之路上为你补充营养。

发明的终极测试

回答以下对 / 错判断题，然后核对答案，看看你做得怎么样。

1. 大部分产品都是普通人发明的。
   对 □   错 □

2. 你可以把一个日常问题的解决方案变成一个给你带来丰厚利润的发明。
   对 □   错 □

3. 要成为发明家，你需要信托基金支持：只有有钱人才能搞发明。
   对 □   错 □

4. 如果你本性安静，你永远都不会成功。
   对 □   错 □

5. 只有那些完全为自己考虑的人才能做好发明家的工作。
   对 □   错 □

6. 如果你想成为发明家，好奇心就是你需要培养的重要的品质之一。
   对 □   错 □

7. 不要相信你的直觉：如果你想获得成功，就需要雇用许多专家并
   完全相信他们的话。
   对 □   错 □

8. 你要明白你可以相信谁，找到那些真正支持你发明工作的人。
   对 □   错 □

9. 如果你熟悉的人说你疯了或者劝你放弃，他们也许说得是对的。
   对 □   错 □

10. 如果有熟悉行业内情的人给你一些经过深思熟虑的建设性批评意
    见，你不用管它。你的发明思想终究是完美的。
    对 □   错 □

11. 寻找授权经营商的最好态度就是"我的发明会给你一个很好的
    机遇！"
    对 □   错 □

12. 不要向别人展示自己。如果你已经完成了有价值的工作，赶快把它忘掉，否则你就会骄傲自满。
    对 ☐　　错 ☐

13. 每个人想要说话的动机都不同。
    对 ☐　　错 ☐

14. 当你向别人介绍你的产品或创新思想时，使用丰富的词句，尽可能详细地介绍，并运用你所知道的所有夸张之词给他留下深刻的印象。这样做是很重要的。
    对 ☐　　错 ☐

15. 如果你想成功，你就要工作、工作再工作！不要休息！你坐在这里看这东西干吗？快忙起来！
    对 ☐　　错 ☐

16. 运用你的想象力把那些最好的、积极的场景而不是可怕的、凄惨的场景形象化。
    对 ☐　　错 ☐

17. 当你充满自我怀疑的时候，花点时间想一想你设法完成的所有事情。
    对 ☐　　错 ☐

18. 当你陷入僵局的时候，你就应该放弃。
    对 ☐　　错 ☐

19. 把你的创新思想所能带给顾客或者这个世界的好处一一列举出来，这对你非常有帮助。

    对 □   错 □

20. 最好给别人支付大笔的钱让他替你进行产品的市场推广。因为他比你懂得多，对吗？

    对 □   错 □

21. 每一种产品都是从一个想法开始的。所以，丰富你的想象力，进行创新性思维很重要。不仅要跳出常规思维，而且要天马行空地思考。

    对 □   错 □

22. 如果你有一个好主意，你应该立即雇用某人帮你申请完全的、非临时性专利，尽管费用很高。

    对 □   错 □

23. 在网上和实体商店里进行调查很重要，查看市场上是否已经有类似产品，获取潜在授权经营商的名字，同时搜集有可能对你有用的信息。

    对 □   错 □

24. 如果有公司对你的想法感兴趣，赶快把所有细节与之分享，以防他们失去兴趣。

    对 □   错 □

25. 制作一个产品原型非常有用。这个过程会让你明白你的产品是否管用，以及制作最终产品都需要哪些零部件。

    对 □   错 □

26. 任何律师都可以成为好的专利代理律师。
   对 □   错 □

27. 申请临时性专利与完全（非临时性）专利一样昂贵和困难。
   对 □   错 □

28. 如果你找到了授权经营商，你也许就不用担心申请非临时性专利
   的费用问题了。
   对 □   错 □

29. 别再浪费时间进行陌生电话推销了，发一封电子邮件来推销你的
   产品。
   对 □   错 □

30. 在进行陌生电话推销前不妨写一个备忘会对你有很大帮助，这样
   你就知道自己要说什么了。
   对 □   错 □

31. 贸易展览会纯粹是浪费时间和金钱。
   对 □   错 □

32. 在贸易展览会上，你不用花钱就可以得到一张看起来很专业的展
   桌；有很多省钱的方法。
   对 □   错 □

33. "Press kit"指的是那种可以轻松塞进随身行李中的小型旅行熨斗，
   如果你想看起来很职业，衣服上没有褶皱，这是必须携带的东西。
   对 □   错 □

34. 如果你把自己的产品授权给一家公司，该公司就会包揽产品的生产和推销等所有工作。你会得到利润的一部分。

    对 □　　　错 □

35. 如果你建立了自己的企业，良好的客户服务是关键。

    对 □　　　错 □

36. 如果你刚起步经营一家小企业，在海外生产产品更便宜，你绝对应该采取这种方式，而且你完全可以自己安排好一切。

    对 □　　　错 □

37. 一旦你的产品销路很好，你就只需坐下来好好休息了！你不用再反复思考。

    对 □　　　错 □

38. 使用互联网耗费了我很多时间。它根本无法给发明家提供什么有用的信息。

    对 □　　　错 □

39. 如果你想得到别人的重视，你就需要建立自己的网站。

    对 □　　　错 □

40. 花点时间在社交媒体网站发表新帖子，这样可以吸引人们关注你及你的产品。

    对 □　　　错 □

41. 只有投资大、拍摄专业的产品演示视频才好。

    对 □　　　错 □

42. Twitter 是指发在网上的 140 词以内的帖子。

   对 □　　　错 □

43. 互联网是一个处处需要强有力推销的地方，你能想到的任何推销
   方法都行。

   对 □　　　错 □

44. LinkedIn 就像一个网络国际商会，把你和世界各地数百万专业人
   士联系在一起。

   对 □　　　错 □

45. 作为发明家，你最重要的资源就是你自己：你的个性品质、你的
   兴趣爱好、你的优点——甚至你的缺点。

   对 □　　　错 □

答案

1. **对**——是的，如果他们可以，你也行。

2. **对**——绝对正确。实际上，这正是很多产品诞生的方式。

3. **错**——这一点不对，正是这种想法使许多人不敢进行发明创造尝
   试。

4. **错**——发出自己的声音并非意味着大声说话，让人心生厌恶！你
   可以是一个安静的人，但是说话却非常有力，这样你就能让别人
   听到你的声音。

5. **错**——实际上，经常是那些真心实意想要帮助别人、给予别人帮助以及改善产品性能的人才会真正取得成功。

6. **对**——好奇心使我们机敏地感受到各种可能的存在。

7. **错**——虽然你很有可能需要一个好的会计师、律师甚至还需要一个艺术设计师，但是你拥有的最重要的资源是你的直觉。

8. **对**——对于任何人来讲，拥有一群真正支持他们的人都很重要，特别是发明家。

9. **错**——不，实际上他们可能是被你吓住了。避开这些说风凉话的人！

10. **错**——当你从小小的情感伤害和自卫情绪中恢复过来的时候，以局外人的角度看看他所说的话。也许这些批评很有价值，能帮助你改善自己的发明。

11. **对**——不要感觉你在乞求别人的关注。记住，对于某些幸运的公司来说，你的创新思想也许真的是一座金矿。

12. **错**——花点时间回想一下你已经顺利完成的事情很有必要，这有助于建立你的自信心。

13. **对**——这一点有助于你搞清楚你是出于什么动机才与人沟通的：是渴望教育别人、鼓舞别人、帮助别人还是建立联系？

14. **错**——简洁最好。尽可能地简单，切中要害；人们的注意力广度是以分钟为单位递减的。

15. **错**——实际上，你需要休息来激发身体的能量，保持头脑清醒，身体健康，状态良好。

16. **对**——你的内心很强大。憧憬积极、快乐的未来可以释放神经化学物质，让你感到身体更放松。当你神经绷得很紧的时候，很难有创新发明。

17. **对**——有些人甚至会把自己的所有成就记在一个小日记本里。在糟糕的日子拿出来读一读，作为一种提醒。

18. **错**——不，不，不！这只是一个标志，也许你该换一种角度思考这个问题。

19. **对**——提醒自己你的发明思想给别人带来了很多好处，这样做对你绝对是一种激励。每次当你遇到障碍时，不要轻易认输。记住一切这个世界需要你的发明的理由。

20. **错**——世界上到处是这样的人。他们拿了你大笔的钱，可能会把你的产品推销给那些愿意授权经营该产品的人。但是，你自己完全有可能做得更好——而且不用花费一分钱。

21. **对**——如果你想成为发明家，创新思维和想象力就是你的最佳盟友。

22. **错**——尽管你有可能需要申请临时性专利（PPA）保护你的想法，你可能根本不需要担心申请完全（非临时性）专利的问题，这要取决于你选择采取哪种途径开发你的产品。

23. **对**——调查研究非常有趣，可以为你的产品开发打好坚实的基础。

24. **错**——一定要确保该公司至少和你签署了保密协议（NDA），或者你的发明已经得到了临时性或者非临时性专利的保护。

25. **对**——而且，充满乐趣。

26. **错**——并非每一个律师都是专利代理律师。专利代理律师是律师中专门处理专利问题的律师。经过了额外培训和教育才能在该法律领域成为合格律师。

27. **错**——申请临时性专利比完全专利要便宜和容易得多。

28. **对**——虽然你仍然要负责保证申请专利的文件细节准确无误，但是申请费用可能就会由你的授权经营商承担。

29. **错**——电子邮件缺少了人际交往的魅力。使用陌生电话推销很重要，因为这些电话会逐渐建立起你与潜在采购员和授权经营商的个人关系。

30. **对**——事先准备好的备忘也有助于消除紧张，使用备忘练习电话推销会让你听起来更自信，更放松。

31. **错**——在贸易展览会上，你可以与很多重要的业内联系人取得联系——商店采购员、潜在授权经营商，还有顾客。

32. **对**——你不必为了在贸易展览会上一次漂亮的展示而倾家荡产。

33. **错**——不是的。"Press kit"指的是"宣传资料袋"，是你整理好的有关你的发明的宣传资料。报道贸易展览会的记者们也许会因为读了这些资料而对你的产品感兴趣。

34. **对**——这是许多发明家们选择采取的一种方法，因为从各种方面来讲，这种方法都更容易。

35. **对**——实际上，优秀的客户服务会使你的公司从竞争中脱颖而出。

36. **错**——海外生产过程实际上非常复杂，这些事情最好交给那些知道如何处理各种各样文书的专家们去做。

37. **错**——发明家需要持续不断地思考可用的方法，给他们的产品添加装饰，增加附属功能，使产品多样化，以延长产品的市场生命力。

38. **错**——互联网对任何发明家而言都是一个奇妙的工具，它能帮助你轻松、迅速且以较低廉的代价宣传、推广、销售你的产品。

39. **对**——没错。有了自己的网站，人们就能迅速找到你和你的产品。

40. **对**——花点时间在 Facebook 或 Twitter 上发帖子，或者写一篇短博文，然后把它分享到你所有的社交媒体网站，别忘了写上你公司的网址。你值得在这些事情上花时间，它们真的会给你带来意想不到的回报。

41. **错**——用你自己的手机拍一些产品演示视频就足以引起人们对你的发明的兴趣。

42. **错**——Twitter 要求发表的帖子在 140 个字以内：真的很短，很短。

43. **错**——实际上，在互联网上给人们提供有趣、有用的信息远远比那些大肆叫卖的网站更成功。

44. **对**——在这个网站，你能接触到许多对你有帮助的业内人士。

45. **对**——现在出发，让世界因你独特而精彩的创新性发明而光彩夺目。

北京阅想时代文化发展有限责任公司为中国人民大学出版社有限公司下属的商业新知事业部，致力于经管类优秀出版物（外版书为主）的策划及出版，主要涉及经济管理、金融、投资理财、心理学、成功励志、生活等出版领域，下设"阅想·商业""阅想·财富""阅想·新知""阅想·心理""阅想·生活"以及"阅想·人文"等多条产品线。致力于为国内商业人士提供涵盖先进、前沿的管理理念和思想的专业类图书和趋势类图书，同时也为满足商业人士的内心诉求，打造一系列提倡心理和生活健康的心理学图书和生活管理类图书。

阅想·商业

阅想·商业

《敏捷销售：从菜鸟到顶级销售的精进训练》

- 客户包含 IBM、微软、埃森哲、希尔顿等知名企业的美国销售策略专家的超越之作！全美大受欢迎！作者的处女作即被《财富》杂志评选为销售人士的必读书籍。
- 18 个策略，18 个技巧，18 个习惯，全是干货！适合所有"段位"的销售人士阅读。
- 身处如今复杂多变商业环境，快速学习、及时响应、机智灵敏、把握稍纵即逝的机遇，对销售人士而言是必不可少的特征。

《啮合前行：测试商业模式潜力，规划创业成功之路》

- 哈佛、斯坦福顶级学府、清华 x-lab 创新创业课教材。
- 首创创新创业啮合前行模型，超实用工具包，9 大齿轮协调共进，助力创新创业，打造属于你的成功之路！

《创新者的机会思维：你可以杀死一个创意，但不可错失良机》

- 机会比创意更重要，思维比创新更重要。运用机会思维指导开发和选择创意，洞察并识别创新机会，走出单一依靠创意实现创新的成长误区，寻找企业创新的动力源。
- 1个机会公式、机会的6大源泉、创造和发现机会的4个工具，帮助企业用机会思维重新思考目前的商业计划和模式，并指导企业如何加速机会的实现。

《众媒时代，我们该如何做内容》

- 《华尔街日报》、亚马逊超级畅销书。
- 一本为内容生产者、内容发布者、内容营销者以及内容创业者量身定制的指南书。
- 福布斯"社会化媒体时代最具影响力的女性"之一，"福布斯女性"排名前20博主倾情打造！

《共享经济商业模式：重新定义商业的未来》

- 欧洲最大的共享企业 JustPark 创始人倾情写作、国内外共享企业大咖联袂推荐。
- 首次从共享经济各个层面的参与者角度、全方位深度解析人人参与的协同消费，探究共享经济商业模式发展历程及未来走向。

图书在版编目（ＣＩＰ）数据

人人发明时代：如何将发明创造转化为巨大商机 /
（美）帕特里夏·诺兰-布朗（Patricia Nolan-Brown）著;
刘振利译. -- 北京：中国人民大学出版社，2016.9
书名原文：Idea To Invention:What You Need to
Know to Cash In on Your Inspiration
ISBN 978-7-300-23213-3

Ⅰ. ①人… Ⅱ. ①帕… ②刘… Ⅲ. ①创造发明
Ⅳ. ①G305

中国版本图书馆CIP数据核字(2016)第178992号

人人发明时代：如何将发明创造转化为巨大商机
[美] 帕特里夏·诺兰-布朗（Patricia Nolan-Brown）　著
刘振利　译
Renren Faming Shidai: Ruhe Jiang Faming Chuangzao Zhuanhua Wei
Juda Shangji

出版发行	中国人民大学出版社			
社　　址	北京中关村大街 31 号		**邮政编码**	100080
电　　话	010-62511242（总编室）		010-62511770（质管部）	
	010-82501766（邮购部）		010-62514148（门市部）	
	010-62515195（发行公司）		010-62515275（盗版举报）	
网　　址	http://www.crup.com.cn			
	http://www.ttrnet.com（人大教研网）			
经　　销	新华书店			
印　　刷	北京中印联印务有限公司			
规　　格	170mm×230mm　16 开本		**版　次**	2016 年 9 月第 1 版
印　　张	15　插页 1		**印　次**	2016 年 9 月第 1 次印刷
字　　数	170 000		**定　价**	49.00 元

版权所有　　侵权必究　　印装差错　　负责调换